Hermann Krekeler

Die kleinen Entdecker – Forschungsreisen zu Hause

HERDER spektrum

Band 5759

Das Buch

Ob Küche, Bad, Werkstatt oder Garten – unser Zuhause ist eine Fundgrube für Entdeckungen der besonderen Art. Tanzende Rosinen finden sich hier ebenso wie Zucker-Sonnen und Wasserberge. Wir können Büroklammern beim Schwimmtraining beobachten, Weich-Eier und salzige Eisblumen bewundern, und endlich erfahren wir, warum es eigentlich keine viereckigen Seifenblasen gibt. Was macht der Essig mit dem Rotkohlsaft? Und wie kann man mit Brausetabletten Kerzen löschen? Rücksichtsvolle Büchsen begegnen uns und das erstaunliche Komm-Zurück-Auto. Spannende und amüsante Experimente für Kinder und Eltern. Kindliche Neugier verwandelt unser Zuhause in ein Labor, das mehr Möglichkeiten bietet, als mancher Wissenschaftlicher es sich hätte träumen lassen.

Der Autor

Hermann Krekeler war lange Zeit Redakteur bei der Zeitschrift „Spielen und Lernen". Er ist Autor zahlreicher Schul-, Sach- und Experimentierbücher und außerdem in der Fortbildung von Pädagogen in Schule und Kindergarten tätig.

Der Illustrator

Konstantyn Debus lebt als Zeichner und Komponist in London und Hamburg. Er leitet internationale Percussion-Events und hat zahlreiche Jugendbücher illustriert.

Hermann Krekeler

Die kleinen Entdecker – Forschungsreisen zu Hause

Spannende Experimente

Mit Illustrationen von Konstantyn Debus

HERDER

FREIBURG · BASEL · WIEN

Gedruckt auf umweltfreundlichem, chlorfrei gebleichtem Papier

Originalausgabe

www.herder.de
Satz: Layoutsatz Kendlinger
Druck und Bindung: fgb · freiburger graphische betriebe 2007
www.fgb.de
Umschlaggestaltung und Konzeption:
R·M·E München, Roland Eschlbeck, Liana Tuchel
Umschlagmotiv: © Bildagentur Mauritius
ISBN 978-3-451-05759-5

Inhalt

Vorwort

Vor einiger Zeit bekam ich von einer lieben Freundin ein altertümliches Buch geschenkt. Es heißt: „Naturstudien im Hause". Das Buch ist ziemlich genau hundert Jahre alt und sein Autor, Dr. Karl Kraepelin, hat ihm den schönen Untertitel „Plaudereien in der Dämmerstunde. Ein Buch für die Jugend" gegeben. Im Vorwort schreibt Dr. Kraepelin: „Die hohe Bedeutung, welche den Naturwissenschaften für die Erziehung zukommt, ist nach Ansicht des Verfassers bisher nicht genügend gewürdigt worden." Klingt irgendwie aktuell, wenn man an die besorgten Verlautbarungen nach dem Pisa-Schock denkt. So mahnte nicht nur der Vorstand der Nordmetall-Stiftung: „In Deutschland wird zu wenig für die Früh- und Grundbildung getan; dies gilt insbesondere für Naturwissenschaften und Technik."

Doch zurück zu Dr. Kraepelin. Er fährt fort: „So lag denn der Gedanke nahe, das vorliegende Werkchen zu schreiben, das die lern- und wissbegierige Jugend in möglichst lebendiger Darstellung zu naturwissenschaftlichem Denken anregen soll und ihr die Naturobjekte der nächsten Umgebung, vor allem also im väterlichen Hause, geistig und vor allem gemütlich näher bringen soll."

Es hat einen Moment gedauert, bis ich das „Gemütlich" richtig verstanden hatte. Es verweist nicht etwa auf die angekündigten „Plaudereien in der Dämmerstunde", wie ich erst dachte. Gemeint ist hier vielmehr das kindliche Gemüt, welches durch eine lebendige Darstellung angesprochen werden soll. Auch das ist unverändert aktuell. In neueren Bildungsplänen ist zwar nicht mehr vom Gemüt die Rede, umso mehr aber davon, wie sehr Lernen und sinnliche Erfahrung miteinander verknüpft sind. Ohne Sinne kein Verstand.

Was mir aber besonders an Dr. Kraepelin gefällt, ist die Art und Weise, wie er die Gegenstände seiner Unterweisungen auswählt. Er findet sie gewissermaßen beiläufig auf Streifzügen durchs Haus. Er braucht keine naturkundlichen Sammlungen, kein Kindermuseum, keine Schautafeln, sondern nur das, was er im eigenen Heim vorfindet: Wasser, Spinnen, Kochsalz, Mineralien, Stubenfliegen. Seine drei aufgeweckten Buben folgen ihm dabei lern- und wissbegierig. Geradeso, wie man es einem heutigen Lehrer von ganzen Herzen wünschen möchte, wenn er sich mit seiner Schar von 20 bis 30, mehr oder weniger hyperaktiver, wuseliger Individualisten abmüht.

Zugegeben, Dr. Kraepelin hat es da vergleichsweise leicht gehabt, Geist und Gemüt seiner Vorzeige-Buben anzusprechen. Aber vielleicht gelingt es ihm auch deshalb so gut, weil seine naturkundlichen Studien mit ganz alltäglichen Erfahrungen beginnen und nicht mit einem Schulbuch.

Im vorliegenden Büchlein habe ich die Idee von den Streifzügen durchs Haus aufgegriffen. Die vorgeschlagenen Experimente folgen also keiner fachwissenschaftlichen Systematik, sie sind vielmehr den verschiedenen Bereichen zugeordnet, die sich so oder in ähnlicher Form in jedem Haushalt finden.

Wie Kinder experimentieren

Einen Großteil ihrer Zeit verbringen kleine Kinder mit Experimenten. Unentwegt stellen sie Versuche an, um herauszufinden, wie etwas funktioniert, was zusammengehört, wie die Welt beschaffen ist.

Nicht immer ist für einen Zuschauer der Zweck dieser Experimente gleich ersichtlich. Wenn die eineinhalbjährige Maja eine Reiswaffel in ihre krümeligen Bestandteile zerlegt und diese gleichmäßig auf dem Teppich verteilt, wird ihre Mutter sich vermutlich erst mal fragen, wie sie diese Bröckelei beseitigen, besser noch: verhindern kann, bevor sie sich am Forschergeist ihrer Tochter erfreut.

Wahrscheinlich experimentiert Maja mit der Entropie. So nennen Physiker den Zustand größtmöglicher Unordnung. Alles, was Maja in die Hände bekommt, wird auf seine Zerleg- und Verteilbarkeit hin untersucht. Sei es das Besteck aus der Küchenschublade, die Milch aus dem Trinkbecher oder die Lego-Bauwerke ihres Bruders. Mit Zerstören hat das nichts zu tun. Für Maja ist das lediglich eine altersgemäße Methode, die Eigenschaften von Dingen und Materialien zu erkunden.

Die meisten Menschen verstehen unter Experimentieren wohl etwas anderes. Und es kostet Eltern bisweilen gehörig Nerven und Mühe, die Flurschäden zu beheben, die bei dieser Art Forschung unvermeidlich entstehen.

Zwei grundlegende Fragestellungen beschäftigen Maja und wahrscheinlich alle Kinder der Welt. Nämlich:

1. Wie ändert sich das Ergebnis, wenn ich einzelne Versuchsbedingungen ändere?

Eine typische Versuchsreihe kleinerer Kinder zu dieser Frage ist: Geht *mehr* kaputt, wenn ich *fester* werfe?

2. War das Ergebnis nur ein Zufall? Oder kann ich mich fest darauf verlassen, dass es immer eintritt?

Ein Beispiel für diese Frage könnte sein: Geht verlässlich *jeder* Luftballon kaputt, wenn ich mit einer Nadel hineinpieke.

Wer mit jungen Forschern unter einem Dach lebt, braucht eben bisweilen gute Nerven.

Ein Stift ist auch zum Klopfen da

Manchmal ist es, wie gesagt, nicht gleich zu erkennen, welchem Zweck ein Versuch dient. Ein Beispiel: Die Erzieherin im Kindergarten sieht den kleinen Tom mit einem Buntstift hantieren. Allem Anschein nach planlos haut und klopft er mit dem Stift auf der Unterlage herum. Die Erzieherin möchte Franz gern mit dem sachgerechten Gebrauch eines Stiftes vertraut machen und setzt sich zu ihm. Sie nimmt einen zweiten Stift und fährt damit auf der Unterlage herum, um Franz zu zeigen, wie der Stift schöne rote Linien auf dem Papier hinterlässt. Tom beeindruckt das nicht. Er schaut nur kurz hin und nimmt gleich das Geklopfe wieder auf. Nun greift die Erzieherin freundlich seine Hand, dreht den Stift zurecht und führt sie über das Blatt. Dabei ermutigt sie ihn, selbst zu malen. Sobald sie seine Hand aber loslässt, fängt er wieder mit dem Geklopfe an. Das wiederholt sich ein paar Mal, bis die Erzieherin frustriert aufgibt.

Tom ist weder begriffsstutzig noch störrisch. Nur: In diesem Moment interessiert er sich für einen anderen Verwendungszweck des Stiftes. Er hat entdeckt, dass man mit dem Stift ein reizvolles Geräusch erzeugen kann, wenn man ihn rhythmisch auf die Unterlage haut. Das ist für Tom im Augenblick ungleich spannender als Striche mit ihm zu ziehen. Ein andermal wird er erkunden, wie sich ein Stift zum Malen verwenden lässt. Wenn er es nicht ohnehin schon längst weiß.

Experimentelle Musik

Wer Kindern beim Experimentieren zuschaut, dem seien Neugier und geduldige Zurückhaltung ans Herz gelegt. Kinder haben nicht nur andere Interessen, wie im Beispiel Tom, auch in ihrer Vorgehensweise unterscheiden sie sich von Erwachsenen. Während diese darauf bedacht sind, möglichst rationell an bestimmte Informationen zu kommen, verschwimmen bei Kindern die Grenzen zwischen zweckdienlichem Experiment und Spiel.

Der Pädagoge John Holt erzählt, was passiert, wenn er sein Cello mit in den Unterricht nimmt und die Kinder darauf spielen lässt: „Abgesehen von den schüchternen, die nur ein paar halbherzige Striche mit dem Bogen machen und dann weggehen, attackieren fast alle kleinen Kinder das Cello auf die gleiche Art. Sie tun gleich drei Dinge auf einmal. Sie setzen die Maschine in Bewegung. Sie freuen sich über die Gelegenheit, Töne erzeugen zu können. Und sie machen wissenschaftliche Experimente. Sie beginnen damit, den Bogen heftig über den Saiten hin- und herzubewegen. Dabei bleiben sie ziemlich lange. Das neue Gefühl und die Töne sind einfach aufregend. Dann fangen sie an, das Bogenstreichen ein wenig zu variieren, verschiedene Rhythmen zu probieren. Nach einer Weile bewegen sie den Bogen so, dass er mehr als eine Saite berührt, oder sie gehen zu einer anderen Saite über. Wichtig erscheint mir dabei zu bemerken, dass sie dies die ersten paar Male nicht im Sinn eines Experiments tun, um herauszufinden, was passiert. Sie tun es einfach um der Abwechslung willen."

Man kann sich denken, dass es sehr lange dauert, bis Kinder auf diese Weise lernen, gezielt Töne auf dem Cello zu erzeugen. Holt beobachtet sie dabei und kommt zu dem Schluss: „Ein Wissenschaftler würde vielleicht sagen, dass das Kind, zusammen mit den nützlichen Informationen, eine Unmenge zufälliger, nutzloser Daten gesammelt hat.

Ein ausgebildeter Wissenschaftler versucht immer, alle nicht relevanten Daten aus seinem Experiment zu entfernen. Er stellt an die Natur eine Frage und er möchte das Geräusch, die Störungen und zufälligen Ereignisse auf ein Minimum reduzieren, um die Antwort besser hören zu können. Aber ein Kind geht anders vor. Es ist daran gewöhnt, seine Antworten aus dem ‚Rauschen' zu erhalten. Immerhin wuchs es in einer fremden Welt auf, in der alles Geräusch ist und in der es nur einen winzigen Teil seiner Erfahrungen verstehen und ihren Sinn erkennen kann."

Die Art des Kindes, das Cello oder auch andere Gegenstände, Maschinen, Gegebenheiten zu erkunden, besteht darin, erst einmal planlos eine Vielzahl von Reaktionen zu erzeugen, bis sich daraus Fragen entwickeln, die es lohnt, gezielt weiterzuverfolgen.

Mit ihren Experimenten erfahren die Kinder nicht nur etwas über die Welt um sie herum. Sie erfahren gleichzeitig immer etwas über sich selbst. Nämlich: Welche Rolle spiele ich in dem Geschehen? Kann ich etwas bewirken oder ist mein Einsatz vergeblich? Wo kann ich etwas verändern? Wann bin ich machtlos?

Kinder, die oft erfahren müssen, dass sie mit ihren Aktivitäten nichts bewirken, resignieren früher oder später. Wozu sich anstrengen, wenn es ja doch nichts nützt? Damit Kinder fähig werden, ihr Leben selbst in die Hand zu nehmen, brauchen sie schon früh die Erfahrung, dass es nicht einerlei ist, was sie tun. Die Bereitschaft, sich anzustrengen, kann nur entstehen, wenn es ihnen oft genug gelingt, aus eigener Kraft ihre Ziele zu erreichen. Das erfüllt sie mit Stolz und stärkt ihr Selbstwertgefühl.

Allzu leicht darf man es ihnen aber auch nicht machen. Kinder müssen in der Lage sein, ihr Können realistisch einzuschätzen. Dazu gehört mitunter der Frust, dass nicht alles so klappt, wie sie sich das in den Kopf gesetzt haben. Und die sich daran anschließende Überlegung: „Was muss ich anders machen, damit es geht?"

Kreative Physik

Kleine Kinder machen keinen Unterschied zwischen Experiment und Spiel. Wozu auch. Auch Eltern machen sich in der Regel keine Gedanken darüber – wahrscheinlich fällt es ihnen nicht einmal auf. Ernst wird es mit der Unterscheidung von Spiel und Experiment ja auch erst später: in der Schule.

Doch erst mal ein Beispiel aus dem Familienalltag. Felix hat einen Papierflieger gebaut und lässt ihn durchs Wohnzimmer düsen. Nach einer Weile zeige ich ihm, dass man ins Heck des Fliegers ein Höhenruder knicken kann. Felix fängt an, zu experimentieren. Schon bald hat er herausgefunden, wie er das Höhenruder verstellen muss, um die Flugbahn nach seinen Wünschen zu beeinflussen: Klappe nach oben – Flieger steigt, Klappe nach unten – Flieger senkt sich abwärts. Das probiert er. Das eigentliche Spiel indes hat er dabei keine Sekunde unterbrochen. In Wirklichkeit geht es hier nämlich um einen tollkühnen Piloten, der verzweifelt versucht, mit seiner hochexplosiven Fracht in unwegsamem Gebiet zu landen. Diese dramatische Geschichte bleibt für Felix im Vordergrund. Das Experimentieren mit dem Höhenruder ist nur Beiwerk.

Fantasie und Physik liegen in diesem Alter noch ganz eng beieinander. Viele Lehrerinnen und Lehrer in der Grundschule wissen das und lassen deshalb großzügig Raum für Spiel und Fantasie. Selbst wenn das bisweilen zu Lasten der Wissenschaft geht.

Zum Beispiel: Die Kinder sollen herausfinden, was schwimmt und was untergeht. Sie tauchen also nacheinander verschiedene Gegenstände in ein Gefäß mit Wasser und machen Strichlisten. Dabei bleibt es nicht lange. Dann mutieren Seifenstücke zu U-Booten, die Seeungeheuer jagen, und Styropor-Eisberge verursachen namhafte Schiffskatastrophen. Oder: Aufgabe ist es, die Fahreigenschaften selbst gebastelter Autos zu testen. Welche Rolle spielen die Größe der Räder, das Gewicht der Fahrzeuge, die Bereifung, der Untergrund? Man kann ziemlich sicher sein, dass die Kinder sich unverzüglich eine packende Rahmenhandlung zu den Versuchen ausdenken. Los, wir spielen Rennfahren. Formel 1. Michael Schumacher wird kurz vor seinem Grand-Prix-Sieg von seinen unfairen Konkurrenten bös attackiert ...

Jetzt steht die Lehrerin vor einer schwierigen Aufgabe: Wie lassen sich das Spielbedürfnis der Kinder und die Ansprüche der Aufgabenstellung sinnvoll ausbalancieren. Eltern haben es da einfacher. Sie müssen sich glücklicherweise nicht an einen Lehrplan halten. Gleichwohl: Wenn wir Kinder zum Experimentieren anleiten, dürfen wir stets damit rechnen, dass uns ein Part in einem kurzweiligen Rollenspiel angeboten wird.

Sind Kinder wirklich Forscher?

Unser Blick auf die Aktivitäten unserer Kinder hat sich gewandelt und wird sich weiter wandeln. Wir beginnen ja gerade erst zu verstehen, wie Kinder sich die Welt erklären und aneignen.

„Wir hätten Schweinerei sagen können. Aber wir haben es Experiment genannt“, zitiert Donata Elschenbroich ein aufgeklärtes Elternpaar, das sich Mühe gibt, eine Überschwemmung im Badezimmer als Frage ihres Kindes an das Element Wasser zu verstehen. Wer weiß, was Eltern in 25 Jahren beim Aufwischen sagen werden? Und: können wir sicher sein, dass der Dreijährige wirklich experimentieren wollte und nicht doch bloß eine Schweinerei veranstaltet hat? „In Kindern können wir nicht lesen wie in einem Buch“, sagt Donata Elschenbroich.

Die umtriebigen Aktivitäten eines Kindes werden gern mit denen eines Forschers verglichen. „Kinder sind geniale Forscher“, betitelte kürzlich die Frankfurter Allgemeine Zeitung einen Beitrag über die komplexen Leistungen, die Kinder auf ihrem Weg vollbringen, sich die Welt anzueignen und zu erklären.

Einige Jahre zuvor hatte man kleine Kinder als Philosophen entdeckt und gewürdigt. Bücher wie „Kinder sind Philosophen“ und „Die kleinsten Kinder sind die größten Philosophen“ ermutigten Lehrer und Eltern mit Kindern Gespräche über die ersten und letzten Dinge zu führen. „Wo war ich, als es mich noch nicht gab?“ – „Warum bin ich geboren?“ – „Mama, wenn ich sterbe, sterbe ich dann ganz?“

Kinderfragen stoßen oft in Bereiche der menschlichen Existenz vor, über die sich viele Erwachsene kaum noch Gedanken machen.

Als Ellen Key 1902 das Jahrhundert des Kindes ausrief, dauerte es nicht mehr lange, bis auch Zeichnungen und Bilder von Kindern das Interesse von Erwachsenen auf sich zogen. Sind Kinder Künstler? „Früher zeichnete ich wie Raphael, aber ich brauchte mein ganzes Leben, um zeichnen zu lernen wie ein Kind“, behauptete Pablo Picasso. Heute jedenfalls werden die Zeichnungen von Kindern nicht länger als hilflose Krakeleien abgetan, sondern als kreativer Ausdruck ihrer Sicht auf die Welt untersucht oder gar mit den Werken zeitgenössischer Künstler auf eine Stufe gestellt. Auch wenn solche Vergleiche hinken, haben sie ihr Gutes.

Dennoch: Kinder sind weder Forscher noch Philosophen oder Künstler. Schon einfach deshalb nicht, weil das nicht ihr Beruf ist. Kinder sind in erster Linie Kinder. Dass sie experimentieren, malen und über die großen Fragen nachdenken, macht sie nicht gleich zu Profis auf diesen Gebieten.

Aber Kinder sind auch mehr als kleine, unfertige Erwachsene. Sie sind Menschen mit eigenen Bedürfnissen, Interessen und Kompetenzen. Kindheit ist nicht lediglich eine Warteschleife für den Anschluss ans Erwachsenendasein. Seit den 1980er Jahren wird in der Kindheitsforschung immer häufiger dafür plädiert, Kindheit als sozialen Status und Kinder als soziale Akteure und handelnde Subjekte in ihrer Umwelt anzuerkennen. So wird der Weg geebnet für ein neues Kindheitsverständnis.

Aber was unterscheidet denn nun ein Kind von einem Forscher? Es scheint mir hilfreich, dieser Frage nachzugehen, denn die Antworten führen uns direkt zu den Wesensmerkmalen der Erkundungsaktivitäten von Kindern.

Kinder sind keine Forscher, wenn man unter Forschen die methodisch korrekte Untersuchung von Sachverhalten versteht. Ein Forscher muss objektiv sein. Seine eigene Befindlichkeit, seine Launen und Vorlieben haben in der Forschung nichts zu suchen. Ganz anders bei Kindern: Kleine Kinder erfahren ihre Welt ganzheitlich. Sie sind immer mit Leib und Seele dabei.

Ein Beispiel: In einer Kindertagesstätte habe ich eine Rampe aufgebaut. Einige Kinder lassen darauf unterschiedlich gefüllte Dosen herunterkullern (Seite 106).

Zu meinem großen Vergnügen beobachte ich, wie es Nico drängt, hinter seiner Dose herzukullern. Mit seinem ganzen Körper ahmt er die Bewegung nach. – Man stelle sich einen Atomphysiker vor, der seinen Fachkollegen die bizarren Bewegungen eines Elementarteilchens vortanzt.

Ein anderes Kind hat einen Buntstift senkrecht in einen Batzen Knete gepiekt. Das hat zur Folge, dass der Stift nicht einfach umfällt, sondern sich erst langsam und dann schneller werdend zur Seite neigt. Erst kurz bevor er aufkommt, hat er die normale Fallgeschwindigkeit erreicht. Verzückt von diesem verzögerten Fall, wiederholt das Kind den Versuch sechs bis sieben Mal. Mit Händen und Armen begleitet es die Bewegung des Stiftes. Es scheint, es könne wie ein Marionettenspieler sein Umfallen steuern.

Kinder sind immer mit Leib und Seele dabei. Sie stellen auch immer die Fragen: Welche Rolle spiele ich in diesem Spiel? Was wollen die Dinge von mir? Kann ich etwas bewirken oder ist mein Einsatz vergeblich? Wissenschaftler haben anders im Sinn. Sie wollen mit methodisch einwandfreien Experimenten die Tauglichkeit einer Theorie auf die Probe stellen. Wenn Kinder experimentieren, steht keine Theorie auf dem Prüfstand, sondern die Wirklichkeit selbst.

Der Kindheitsforscher Martin Doehlemann sagt: „Kinder sind noch viel mehr ‚eins' mit sich und der Welt als wir. Innenwelt und Außenwelt gehen ineinander über. Kinder trennen noch nicht so deutlich Wahrnehmung von Einbildung, Wirklichkeit von Wunsch. Sie können Gedanken oder Träume als dinglich gegeben erleben und bloße Dinge als lebend, mit Gesichtern, als lockend oder drohend. Das ‚Einssein' ist Schwäche und Stärke zugleich. Schwankende Gefühle leben sich in der ‚kreativen' Beseelung aller möglichen Gegenstände aus. Die Begrenztheit von Wissen und Erfahrung ist Ausgangspunkt für grenzenlose Phantasie. Kinder sind also nicht schöpferisch kraft Könnens und Wollens, sondern unabsichtlich im Rahmen spielerischer Welterkundung und -bewältigung."

Wie Kinder sich die Welt erklären

Bleiben wir noch einen Augenblick bei der Frage, wie Kinder sich die Welt erklären. Dazu noch einmal Martin Doehlemann: „Kinder hauchen der Welt ihre Seele ein und erklären sie uns ganz anders. Kindliches Umwelterleben ist eine gefühlsbestimmte buntbewegte Einheit von ‚Hineinlesen' und ‚Herauslesen'.

‚Der Himmel ist dünn', sagt Melanie (etwa 5 Jahre). Warum? ‚Damit Sonne, Mond und Erde durchscheinen können.' Zu den Kondensstreifen von Flugzeugen hinaufblickend fragt Sandra: ‚Dürfen die den Himmel zerkratzen?'

Max (5 Jahre; 6 Monate) malt eine schwarze Sonne mit schwarzen Sonnenstrahlen, ‚weil sie schläft'.

Leo (3 Jahre; 5 Monate) meint, dass die Sonne in der Nacht ihre Strahlen einzieht. Warum wachsen auch an steilen Hängen die Bäume senkrecht nach oben? ‚Das ist, weil die Sonne nur mittags die Bäume anzieht' (Sascha, 6 Jahre; 9 Monate). ‚Die Sonne geht durch einen durch – und hinten kommt sie als Schatten wieder raus' (Johannes, 7 Jahre). Holger (etwa 5 Jahre) deutet den Schatten anders: Er ‚ist wie ein kleiner Abend, der kommt, wenn die Sonne scheint'.

Grischa (3 Jahre) stellt fest: ‚Wenn's regnet, wird der Wind nass.' ‚Wenn Wasser ganz alt wird, fließt es nimmer' (Max, 4 Jahre; 5 Monate). In der Dämmerung bei Nebel: ‚Mutti, ich kann nichts sehen, es ist ja alles wie geflüstert' (Marion, 5 Jahre; 6 Monate).

Ein Junge (5 Jahre) blickt im Wald in den Eingang eines alten Stollens: ‚Jetzt weiß ich, wo sich die Nacht am Morgen versteckt.' Kinder können also ‚aus Versehen' Physik und Poesie verbinden."

Die Erklärungen der Kinder sind weder falsch noch richtig. Sie sind lediglich ihrem Wissensstand und Deutungsbedarf angemessen. Wer sagt, dass wir ihre Deutungen unverzüglich zurechtrücken müssen?

Ich habe Kinder im Kindergarten gefragt, ob Fische ertrinken können. Eine der schönsten Antworten lautete:

„Nein, wenn sie müde sind, gehen sie auf den Grund und ruhen sich aus.“ Hier ist deutlich die Mutter zu hören: „Wenn du zu weit rausschwimmst und müde wirst, dann kannst du ertrinken.“ Das Kind überträgt also Theorien aus seinem Erfahrungszusammenhang auf andere Bereiche. Theorien von Kindern sind nicht naiv – sie sind aber anders als die der Erwachsenen im 21. Jahrhundert in Deutschland.

Ist Physik Männersache?

Wenn ich eine Schulung zum Thema „Experimentieren“ leite, frage ich die Teilnehmer zu Beginn gern nach ihren Kenntnissen, ihren Motiven und Erwartungen. Teilnehmer? Teilnehmerinnen (!) müsste es heißen. Längst habe ich mich daran gewöhnt, dass ich unter den 16 bis 20 Anmeldungen höchsten zwei männliche Vornamen finde. Es ist ein nach wie vor vielfach und zurecht beklagter Missstand, dass in Kindergarten und Grundschule viel zu wenig Männer tätig sind. Den Gründen dafür mag ich hier nicht weiter nachgehen. An dieser Stelle interessieren mich mehr die Folgen, denn allem Anschein nach gibt es zwischen Erzieherinnen und Naturwissenschaft nachhaltige Berührungsängste. Vielleicht gilt Ähnliches für Mütter.

„In Physik habe ich nie etwas verstanden. Das war immer mein schlechtestes Fach.“

„Ich weiß noch haargenau, wie der Lehrer ausgesehen hat, ich kann mich noch genau an seine Stimme erinnern. Aber von dem, was er gesagt hat, habe ich kein einziges Wort behalten.“ „Chemie habe ich immer gehasst, diese blöden Formeln.“

Es sind aber auch immer Teilnehmerinnen dabei, die eine durchweg positive Einstellung zu Naturwissenschaften und Technik haben.

Dennoch: Solche Statements werfen kein gutes Licht auf

den naturwissenschaftlichen Unterricht an unseren Schulen. Und man kann die Betroffenheit des Leiters der Pisa-Studie gut versehen, wenn er in einem Interview (sinngemäß) sagt: „Da unterrichten wir junge Menschen vier, fünf Jahre in Mathe, Chemie und Physik, und wenn sie mit der Schule fertig sind, werfen sie alle Unterlagen weg und seufzen erleichtert: ‚Was bin ich froh, dass ich mit diesem ganzen Zeug nichts mehr zu tun habe.' Dabei sollte die Schule doch ein Interesse an diesen Dingen wecken, das ein Leben lang anhält. Was machen wir verkehrt?"

Mit Mathematik und Mädchen sieht es ähnlich aus. Es ist ein verhängnisvoller Zirkel: Zwei Drittel des Matheunterrichts an den Grundschulen wird fachfremd unterrichtet. Fachfremd heißt, die Lehrkraft hat nicht Mathematik studiert. Das bedeutet nun überhaupt nicht, dass sie nicht rechnen kann oder von der Didaktik des Faches nichts versteht. Es bedeutet aber in der Regel, dass sie sich nicht so besonders für Mathematik interessiert. Gewiss wird sie ihren Schülern das Grundschul-Rechnen beibringen können, da dürfen wir unbesorgt sein. Aber unbewusst vermittelt sie ihnen vielleicht noch etwas anderes. Nämlich: Mathematik ist nicht besonders interessant, aber es geht leider nicht ohne. Da müssen wir halt durch. Mit Fleiß und Übung werden wir das schon schaffen.

Eine ähnliche Haltung findet sich mitunter auch bei manchen Müttern. Irgendwie geben sie ihren Töchtern zu verstehen: „Mathe ist nicht so wichtig. Das hat mir auch nie Spaß gemacht. Da war ich nie besonders." Bei Mathe sind Mütter viel nachsichtiger, als wenn es um die Leistungen beim Lesen und Schreiben geht.

Man kann aber nicht erwarten, dass Mädchen ein leidenschaftliches Interesse an Mathematik und Naturwissenschaften entwickeln, wenn keiner da ist, der sie mit seiner eigenen Begeisterung für diese Gebiete ansteckt. Für die

Schönheit und Unbestechlichkeit der Mathematik, die Abenteuer und Wunder der Physik und die Geheimnisse der Chemie.

Das Gebiet der Naturwissenschaften ist für viele Erzieherinnen ein höchst unsicheres Terrain. Sie trauen sich auf dieses Gelände nur mit einem verlässlichen Plan und klaren Anweisungen. „Bloß nichts falsch machen, nichts Falsches erzählen, nicht dumm dastehen", höre ich immer wieder aus den Fragen und Bemerkungen der Erzieherinnen heraus, die an meinen Kursen teilnehmen. Sie wollen hundert Prozent sichergehen, dass das Experiment auch funktioniert. Sie möchten ganz genau wissen, was da abläuft und warum. Ganz offenkundig fühlen sie sich in diesem Bereich einfach nicht so zu Hause wie beim Basteln, Singen, Erzählen, Backen, wo sie unbekümmert improvisieren, wenn etwas nicht so läuft wie geplant.

Müttern mag es da ähnlich gehen. Nur stehen sie nicht so sehr in der Verantwortung. Kein offizieller Bildungsplan erwartet von ihnen, dass sie „naturwissenschaftliche und technische Grunderfahrungen in Physik, Chemie, Astronomie, Geologie, Biologie, Ökologie" vermitteln, wie es etwa die „Hamburger Bildungsempfehlungen für die Kita-Arbeit" nahelegen. Ich kann gut verstehen, dass solche Ansprüche Erzieherinnen eher einschüchtern als ermutigen.

Nach meiner Auffassung liegt das Problem woanders. Es liegt in dem verhängnisvollen Missverständnis, dass die Grunderfahrungen, die Kinder mit der belebten und unbelebten Natur machen, etwas zu tun haben mit Physik, Chemie, Astronomie, Geologie, Biologie, Ökologie. Dieses sind und bleiben nun mal Fachwissenschaften. Als solche haben sie notwendigerweise eine ganz andere Sicht auf die Welt, als sie Kindern zu eigen ist. Die Welt der Kinder ist voll mit Erscheinungen, Dingen, Wundern, Fantasien, Erfahrungen. Physikalische Phänomene zählen (noch) nicht dazu. Zu physikalischen Phänomenen werden Beobachtungen und Sachverhalte erst dann, wenn Wissenschaftler sie in den Begriffen der Physik beschreiben und sie mit den Methoden der Physik untersuchen. Das ist aber nur möglich, wenn sie eine Vielzahl anderer Sichtweisen ausblenden und sich auf wenige Aspekte konzentrieren.

Warum schwimmt ein Schiff?
Immer wieder erlebe ich, dass Kursteilnehmer ihren gesunden Menschenverstand ausschalten und unmittelbare Erfahrungen vergessen, sobald ich eine Frage stelle, die sich nach Physik anhört. „Warum schwimmt ein Schiff aus Eisen, obwohl Eisen doch schwerer ist als Wasser?“ Ich höre förmlich, wie es „klick“ macht und das Gehirn umschaltet auf „Schule“. Wie war das noch? Eifrig wird in den angestaubten Wissensbeständen gekramt und werden Wissensreste ans Licht geholt. „Hat das nicht was mit Auftrieb, Dichte, Oberflächenspannung, Wasserverdrängung zu tun?“

Wenn ich jetzt beteuere: „Ich weiß es auch nicht so genau“, guckt man mich ungläubig an. Und wenn ich dann auch noch sage, ich finde das nicht so wichtig, dass man das genau weiß, warum ein Schiff schwimmt, muss ich um meinen Ruf als Experte für naturwissenschaftliche Experimente fürchten. Also erkläre ich schnell, wie ich das gemeint habe.

Bleiben wir bei dem Beispiel mit dem Schiff. Warum schwimmt das Schiff aus Eisen, war die eine Frage, die andere ist: Wie kann man kleinen Kindern erklären, warum ein Schiff aus Eisen schwimmt?

Lassen wir zunächst einige Grundschüler zu Wort kommen:

„Die Schiffe gehen nicht unter, weil sie Schrauben, Motoren und andere Maschinen haben! Ich glaube, die Motoren und die Schrauben halten das Schiff oben und stützen es ab."

„Vielleicht, weil es so eine rundliche Form hat."

„Weil unter dem Schiff Kugeln mit Luft sind."

„Weil es unten ganz spitz ist und es oben immer dicker wird."

Das trifft zwar alles nicht den Kern, aber wir erfahren viel darüber, wie Kinder denken und ihnen vertraute Erfahrungen zur Erklärung des Phänomens heranziehen:

Das schnelle Motorboot, das übers Wasser flitzt. (Schrauben und Motoren)

Das runde Schlauchboot, das sich mühelos über Wasser halten kann. (Die rundliche Form)

Schwimmflügel, die unverzichtbaren Helfer für ungeübte Schwimmer. (Kugeln mit Luft)

Wovon hängt es denn nun wirklich ab, ob etwas schwimmt?

These 1: Vom Gewicht
Schwere Sachen gehen unter, leichte schwimmen. Aber warum schwimmt der schwere Baumstamm, und der leichte Kieselstein geht unter?

These 2: Vom Material
Holz schwimmt, Steine gehen unter. Aber Bimsstein schwimmt, Ebenholz versinkt.

These 3: Von der Form
Eine Kugel geht unter, eine Schale mit dem gleichen Gewicht schwimmt. Aber der Aschenbecher geht auch unter, obwohl er die Form eines Schlauchboots hat.

Es ist gar nicht so einfach. Aber richtig kompliziert wird es erst, wenn wir uns den physikalischen Kräften zuwenden, die hier am Werk sind.

Wie so oft gibt das Internet erste Auskunft: „Jedes Material kann schwimmen, egal ob Beton, Stahl oder Kupfer, wenn seine Form die Masse an Wasser verdrängt, die es selber wiegt."

„Wenn die Masse der verdrängten Wassermenge größer ist als die Masse des Schiffes, dann schwimmt das Schiff. Durch den Hohlraum im Schiff verändere ich seine Gesamtdichte gegenüber dem Wasser, denn das Volumen hat zugenommen. Da die Dichte sich aus Masse geteilt durch Volumen errechnet, nimmt durch den Hohlraum die Dichte des Schiffes gegenüber dem Wasser ab, mit dem sichtbaren Ergebnis, dass es schwimmt."

„Ob Gegenstände schwimmen können oder nicht, hängt vom Verhältnis zwischen Auftrieb und Gewichtskraft ab."

Wer bis jetzt noch nicht ausgestiegen ist, hat erfahren, dass die Kraft, die das Schiff schwimmen lässt, Auftrieb heißt. Sind wir jetzt wirklich klüger?

Wie so oft in der Physik wird eine Erscheinung damit erklärt, dass hier eine unsichtbare Kraft am Werk ist. Diese Kraft ist aber genauso rätselhaft wie die Erscheinung selbst. Dinge fallen zu Boden, weil die Erdanziehung auf sie wirkt. Gut, was aber ist die Erdanziehung? Wie kommt sie zustande? Wer hat sie gemacht?

Der Wasserläufer (ein Insekt) kann auf dem Wasser laufen, wegen der Oberflächenspannung. Ist das wirklich eine Erklärung? Was spannt denn die Oberfläche?

Wenn ich den Kursteilnehmern sage, ich wüsste auch nicht so genau, warum ein Schiff schwimmt, ist das keine Koketterie. Es fällt mir schwer, den Zusammenhang von Schweredruck und Auftrieb wirklich zu verstehen.

Mittlerweile bin ich mir ziemlich sicher, dass solche Erklärungen auch Kindern nicht wirklich helfen, die Phänomene der belebten und unbelebten Natur besser zu begreifen. Im Gegenteil, solche Erklärungen entfernen sie von ihrer eigenen Erfahrung.

Unverdautes Wissen

Es kommt in meinen Augen nicht darauf an, dass wir den Kindern naturwissenschaftlich korrekte Erklärungen anbieten. Viel reizvoller ist es, mit ihnen über ihre und unsere eigenen Vermutungen zu sprechen. Wieso kann eine Büroklammer schwimmen?

Wenn Kinder vorschnell und unverdaut die Belehrungen der Erwachsenen übernehmen, löst das in ihren Köpfen nur Verwirrung aus.

Ein Beispiel: Die Sonne geht am Morgen auf, abends geht sie unter. An wolkenlosen Tagen können wir verfolgen, wie sie über den Himmel wandert. So unsere Beobachtung und unser Sprachgebrauch. Wem eigentlich ist damit geholfen, dass wir kleinen Kindern nun beibringen, es sei dem gar nicht so; dass in Wirklichkeit die Sonne stillsteht, während sich die Erde um ihre Achse dreht. Gibt es einen Erwachsenen, der in der Lage ist, sich diesen Sachverhalt zu vergegenwärtigen, während vor ihm die Sonne glutrot im Meer versinkt? Aller Augenschein spricht dagegen, dass die Sonne stillsteht und wir uns mitsamt der Erde von ihr wegdrehen. Was für eine gewaltige Leistung war es da von Kopernikus, die Sonne als ruhendes Zentrum unseres Planetensystems zu denken. Das sollen unsere Kinder in einer Unterrichtstunde so nebenbei erledigen.

Schein-Kopernikaner nennt Wagenschein die Schulkinder und erzählt folgende Geschichte: Ein Mädchen aus dem Dorf Münse wechselt im ersten Schuljahr Wohnsitz und Schule. Einmal sagt der neue Lehrer: „Die Sonne geht auf." Das Mädchen meldet sich und merkt an, vermutlich nicht einmal um zu widersprechen, sondern aus Treue zum ersten Lehrer und ihrem Heimatdorf: „Bei uns in Münse dreht sich aber die Erde."

Etwas Ähnliches erzählt Fritz Siemsen, Professor für Didaktik der Physik an der Universität Frankfurt, in einem Interview mit dem Südwestrundfunk: „Die lernen ja heutzutage schon im Kindergarten, dass die Erde sich dreht und als ein Planet um die Sonne sich wälzt. Eines Tages kam auch unser Töchterchen nach Hause vom Kindergarten und erzählte das ganz stolz: ‚Die Erde ist ein Planet und dreht sich um die Sonne.' Und dann habe ich mal ganz vorsichtig gefragt: ‚Und wo ist der Planet?' Und da hat sie gesagt: ‚Ganz einfach, im Keller vom Kindergarten.' Denn da hat die Kindergärtnerin immer hin gezeigt. Und diese wunderbare Erkenntnis, die die Griechen schon hatten – aber auf Grund von Denken, nicht auf Grund von Mitteilungen –, dass nämlich die Erde kleiner ist als die Sonne und dass deswegen es vielleicht naheliegt, dass die kleine Erde sich um die große Sonne dreht, diese Erkenntnis wird ja heute im Kindergarten schon ohne Begründung allen erzählt, und das bringt die Leute völlig durcheinander. Weil die jetzt das Problem haben in Bezug auf Jahreszeiten oder den Mond, dann kreist ja jetzt bei denen alles im Kopf herum. Die können gar nicht mehr denken, weil alles dreht sich ja, die Erde dreht sich, die dreht sich gleich zweimal, einmal um sich und dann noch um die Sonne, die Sonne dreht sich auch, und um die Erde dreht sich auch noch der Mond, und dann fällt auf einmal der Erdschatten auf den Mond, tut er ja auch, bei Mondfinsternis, aber eben nur einmal im Jahr."

Noch mal: Warum schwimmt ein Schiff?

„Ja, wie erklärt man nun Kindern, warum ein Schiff schwimmt?", wollen die Kursteilnehmer von mir wissen.

„Müssen wir es ihnen denn erklären?“, frage ich zurück.

„Doch, sie wollen es ja wissen.“

„Fragen sie denn danach?“, hake ich ein.

„Nicht so direkt.“

„Welche Fragen stellen die Kinder denn? Was wollen die Kinder wissen?“

Jetzt wird es interessant. Wir tragen unsere Erfahrungen zusammen: Da sind einmal die Kinder, die eher selten Fragen stellen. Sie probieren lieber etwas aus. Wenn sie die Möglichkeit haben, mit Wasser und Schwimmkörpern zu experimentieren, reicht ihnen das. Dann probieren sie alles aus, was ihnen in den Sinn kommt. Nennen wir sie die Aktionisten.

Dann gibt es die Pragmatiker. Die interessiert nicht besonders, warum Schiffe im Allgemeinen schwimmen, sie wollen bloß wissen, warum ausgerechnet ihr blödes Schiff immer untergeht und das von Lisa nicht. Wie etwas funktioniert, möchten sie wissen, und nicht warum.

Wahrscheinlich gehören die meisten Menschen, ob groß oder klein, in diese Kategorie. Wer will schon wissen, warum ein CD-Player CDs abspielen kann, wenn er weiß, wie man ihn bedienen muss.

Aber es gibt sie auch wirklich, die Philosophen unter den Kindern. Solche Kinder, die einer Sache ganz auf den Grund gehen wollen. Gemeint sind nicht die, die uns mit ihren ständigen Warum-Fragen in den Ohren liegen. Die Philosophen wollen ernsthaft wissen, was die Welt im Innersten zusammenhält, und nicht bloß unsere Aufmerksamkeit auf sich ziehen. Was sagen wir denen nun, warum ein Schiff schwimmt? Zunächst einmal können wir sicher sein, dass die Philosophen bereits eine Vermutung haben. Wer eine Frage stellt, hat bereits einen Horizont entworfen, vor dem sich die Frage vielleicht beantworten lässt. Oder: In jeder Frage steckt bereits der Keim für die Antwort.

Also liegt es nahe, sich erst einmal nach den Vermutungen zu erkundigen, die der Frager hat. Diese bieten gewiss Ausgangspunkte für Gespräche und weitere Versuche.

Ein lustiges Beispiel dazu. Wachsen war das Thema in einer Kindergruppe. Die Leiterin fragt: „Wodurch wächst etwas?“ „Man wächst, wenn man gerollt wird“, sagt ein Kind.

„Okay, das können wir ja ausprobieren.“

Alle Kinder werden vermessen und dann täglich mehrfach gerollt wie Pizzateig. Eine Woche lang. Dann wird nachgemessen. Schade – hat nicht funktioniert.

Neuer Versuch: „Wodurch wächst etwas?“ „Vielleicht, wenn man es begießt?“

Das Praktische an diesem Vorgehen ist, dass man nicht gleich in der Verlegenheit ist, die richtige Antwort parat haben zu müssen.

Es spricht aber auch nichts dagegen, mit den Kindern gemeinsam auf Informationssuche zu gehen. Bilderbücher, Lexika, Sachbücher, DVDs werden zu Rate gezogen.

Das verdrängte Wasser will zurück

Noch einmal zu unserem Schiff. Können Kinder die komplizierten Sachverhalte mit Auftrieb und Schweredruck überhaupt verstehen? Oder anders gefragt: Können wir ihnen das kindgemäß vermitteln? Die Fachwörter der Naturwissenschaft taugen offensichtlich nicht dafür. Wir brauchen Bilder, Analogien, Beschreibungen, die nah an der Erfahrungswelt der Kinder sind. Und wir müssen genau heraushören, welche Vorstellungen Kinder mit unseren Begriffen verbinden. „Schwimmen“ etwa ist für Kinder mehr als der physikalische Zustand eines Körpers, der leichter ist als Wasser. Schwimmen heißt: Arme und Beine bewegen, damit man nicht untergeht.

Welche Analogien und Begriffe eignen sich? Mir gefällt

zum Beispiel die Erklärung: „Dinge können schwimmen, weil das Wasser sie trägt." Der Begriff „Tragen" ist anschaulich. Tragen und getragen werden, das kennen auch kleine Kinder aus eigener Erfahrung. Wenn der Koffer zu schwer ist, kann ich ihn nicht tragen. Meine Schwester kann mich nicht tragen, für die bin ich zu schwer. Mit dem Wasser ist es ähnlich: Leichte Dinge kann es tragen, schwere nicht. Und schon ist die Analogie an ihren Grenzen. Warum kann das Wasser dann den schweren Baumstamm tragen, den ich bestimmt keinen Zentimeter anheben kann?

Was jetzt? Wir brauchen einen weiteren anschaulichen Begriff: Versuchen wir es mit „Verdrängen". Auch kleine Kinder wissen schon, dass zwei Menschen oder Sachen nicht zur selben Zeit am selben Platz sein können. Wenn ich da stehen will, wo Franz steht, muss ich ihn verdrängen. Da, wo der Baumstamm ins Wasser taucht, hat er das Wasser verdrängt. Das verdrängte Wasser will zurück und drückt den Baumstamm nach oben. Der Baumstamm schwimmt. Je größer der Baumstamm, desto mehr Wasser wird verdrängt und will zurück; desto größer auch die Kraft, die ihn nach oben drückt.

So ist es auch mit dem Schiff. Das verdrängte Wasser drückt den Schiffsrumpf nach oben. Ist das Schiff allerdings zu schwer, reicht die Kraft des Wassers nicht aus, und das Schiff geht unter.

Manchem Physiker mögen sich bei solcherart Erklärungen die Nackenhaare aufstellen. Besonders unbeliebt sind in der Fachsprache so genannte Anthropomorphismen. Damit ist gemeint, dass Dingen menschliche Eigenschaften und Motive unterstellt werden. „Das Atom sucht sich einen Partner." „Die Luft will nicht eingesperrt werden." „Das verdrängte Wasser will zurück."

Gisela Lück schreibt dazu: „Formulierungen wie ‚Die

Kerze frisst Luft‘ oder ‚Wasser und Öl mögen sich nicht und können sich daher nicht vermischen‘ waren über lange Jahre hinweg in den Naturwissenschaftsdeutungen verpönt. Stattdessen beschränkte man sich auf möglichst naturwissenschaftlich ‚korrekte‘ Erklärungen, in denen jegliche Beseelung vermieden wurde, auch wenn dies auf Kosten des Verständnisses und damit letztlich einer erfolgreichen ersten Hinführung zur Deutung des Naturphänomens ging. Ganz entschieden wurde eine solche ‚entseelte‘ Naturwissenschaftsdeutung seit den 70er Jahren vertreten, als mit dem so genannten Sputnikschock die westliche Welt den Nachholbedarf an naturwissenschaftlichen Kennmissen möglichst schnell ausgleichen wollte. Selbst im Sachunterricht der Grundschule sollten wissenschaftliche Deutungen im Vordergrund stehen und Vermenschlichungen, wie sie in den oben genannten Beispielen beschrieben sind, vermieden werden.“

Mittlerweile hat sich die Aufregung wieder gelegt und die Animismen sind in die Schul- und Sachbücher zurückgekehrt. Wo sie auch sicher ihren Platz haben. Animismen stehen einer wissenschaftlichen Deutung nicht im Weg. Sie ergänzen sie und bauen Verständnisbrücken.

Das Staunen

In der Nähe von Hannover gibt es einen mittelständischen Betrieb, der sich auf Feinmechanik und die Herstellung von Laborgeräten spezialisiert hat. Ich bin auf diese Firma gestoßen, weil sie außerdem so genannte Phän-Objekte herstellt und vertreibt. Diese Anschauungsmittel hat der Handwerkerphilosoph Hugo Kükelhaus entworfen, der sich ein Leben lang mit Naturphänomenen und unserer Sinneswahrnehmung beschäftigt hat. Er hat unter anderem Greiflinge für Kleinkinder entworfen, Spielgeräte konstruiert und ein „Erfahrungsfeld zur Entfaltung der Sinne“ konzipiert. Als solcher Erfahrungsraum ist zum Beispiel das Schloss Freudenberg bei Wiesbaden eingerichtet. Jährlich zieht es viele tausend Menschen in seinen Bann.

Um mir die Phän-Objekte in natura anzuschauen, habe ich den Betrieb bei Hannover besucht. Ein älterer Mitarbeiter hat Zeit für mich. Er zeigt mir Mustergeräte und erklärt mir ihre Funktion. Kaleidoskope, Dreizeitenpendel, Klangrohre. Dann holt er eine Strömungstafel. Sie erinnert mich etwas an die Sandfließbilder, die eine Zeitlang beliebt waren und gern auf Weihnachtsmärkten verkauft wurden. Die Strömungstafel ist DIN-A4-groß, aus Plexiglas und gefüllt mit Wasser und Aluminiumpulver. Mit einem Magneten kann man von außen eine Metallscheibe durch das Gemisch ziehen und die Bewegungen der Aluminiumteilchen beobachten. Dabei entstehen eindrucksvolle Wirbel und Spiralen. Im Nu hat das Schauspiel den Mitarbeiter in seinen Bann gezogen. Mit Bedacht streicht er wieder und wieder mit dem Magneten über die Tafel. „Schauen Sie hier, diese prächtigen Wirbelstraßen", fordert er mich begeistert auf. „Und da, diese Verwirbelung in der Ecke!" Mit seiner ganzen Aufmerksamkeit ist er bei der Sache. Wie ein staunendes Kind vor einem Aquarium voller exotischer Meeresbewohner kann er seinen Blick nicht abwenden. Ich bin gleichermaßen fasziniert von dem Tanz kosmischer Spiralen. Nur: Ich habe zum ersten Mal eine solche Strömungstafel in der Hand. Er dagegen wird sie schon Hunderten von Kunden vorgeführt haben. Und jedes Mal – ich könnte wetten –, jedes Mal hat ihn das Wirbelspiel erneut gefangen genommen. Nie ist er aus dem Staunen herausgekommen und wird es wohl auch nicht mehr.

Später erfahre ich, dass er Hugo Kükelhaus persönlich gekannt hat und dass er sich genauestens auskennt mit den physikalischen Vorgängen, die mit Strömungstafeln sichtbar gemacht werden sollen. Er weiß alles über das Phänomen, wie ein Wissenschaftler, aber er staunt darüber wie ein Kind. Das geht mir auf der Heimfahrt durch den Kopf. Dieses Erlebnis hat meine Auffassung von der Bedeutung des Staunens verändert. Bis dahin teilte ich die verbreitete Ansicht, dass Staunen etwas sei, das vornehmlich zur Erfahrungswelt von Kindern gehört. Vieles muss ihnen erst mal wie ein Wunder vorkommen; mit zunehmendem Wissen wird die Welt entzaubert, die Anlässe zum Staunen werden seltener.

Auch in der Literatur finden sich viele Zitate, die das Staunen als Vorläufer der Erkenntnis verstehen. Der griechische Philosoph Platon sagte es etwa so: „Einen anderen Anfang der Erkenntnis als das Staunen gibt es nicht." Aristoteles meinte sogar: „Das Erstaunen ist der Beginn der Naturwissenschaft." Der Denker und Physiker Georg Christoph Lichtenberg drückte es so aus: „Das Staunen ist die Saat, aus der das Wissen wächst."

Mittlerweile glaube ich, dass die Fähigkeit zu staunen weder etwas mit dem Lebensalter eines Menschen zu tun hat noch mit seinem Wissen. Die Fähigkeit zum Staunen kann Menschen ihr Leben lang begleiten, ja sogar im Verlauf des Lebens wachsen. Die großen Physiker Niels Bohr und Albert Einstein sind nur zwei Beispiele dafür: „Das Schönste, was wir erleben können, ist das Geheimnisvolle. Es ist das Grundgefühl, das an der Wiege von wahrer Wissenschaft und Kunst steht. Wer es nicht kennt und sich nicht mehr wundern oder staunen kann, der ist sozusagen tot und sein Auge erloschen." (Albert Einstein)

Zum anderen: Ist es wirklich so, dass alle Kinder gleichermaßen bereit sind zu staunen? Wer mit einer Kindergruppe ein Museum besucht, wird schnell feststellen, wie unterschiedlich sich die Kinder auf das Dargebotene einlassen, sei es nun spannend, rätselhaft oder einfach nur schön. Manche Kinder verweilen schier endlos bei einzelnen Exponaten, andere flitzen von Station zu Station wie Zapper durchs Fernsehprogramm.

Worauf ich hinaus will: Staunen und Erkenntnis gehören zusammen. Das eine ist nicht bloß die Vorstufe des anderen. Im günstigsten Fall bedingen sie einander.

„Voraussetzung des Fragens ist das Staunen oder Sichwundern. Ohne Staunen oder Sichwundern gibt es kein Lernen. Denn Lernen gründet auf einem Spannungsverhältnis zwischen der Erwartung an etwas und der Wahrnehmung, dass sich diese Erwartung nicht erfüllt", so Professor Gerold Scholz in einem Vortrag. Das ist die eine Seite. Die andere ist, dass jedes Mehr an Erkenntnis weitere Horizonte öffnet, die erneut zum Staunen einladen. „Mir genügt es, mich über die Geheimnisse zu wundern." (Albert Einstein)

Wenn es gelingt, Kinder mit den hier vorgeschlagenen Experimenten zum Fragen und Staunen anzustiften, ist schon viel erreicht. Dann werden die naturwissenschaftlichen Erklärungen früher oder später auch zu ihrem Recht kommen.

Noch einmal zurück zu Kükelhaus. Seine Phän-Objekte sind nicht gedacht als didaktische Hilfsmittel zur Demonstration von Naturgesetzen. An ihnen soll nichts gelernt werden. Kükelhaus' Programm ist die Entfaltung der Sinne. Ohne Sinne kein Verstand. Ihm lag daran, dass Kinder und Erwachsene unmittelbar mit ihren Sinnen die elementaren Kräfte erfahren, die in der Natur wirken, und ihre Sinne daran schulen – bevor sich der Verstand einschaltet.

Tanz im Sprudel

Auch in diesem Buch finden sich Experimente, deren sinnlicher Reiz so groß ist, dass das Bedürfnis nach sachgerechten Erklärungen womöglich in den Hintergrund tritt. Bei dem Versuch „Tanzende Rosinen" (Seite 52) schauen wir zu, wie Mandelsplitter, Maiskörner und eben Rosinen in einem Glas mit Sprudelwasser ein erstaunliches Eigenleben beginnen. Wer dafür empfänglich ist, vergisst die Welt um sich und verfolgt verzückt die Vorführung. „Da könnt ich Stunden zuschauen“, sagen Erwachsene. „Das ist wie Meditation.“ Zappelige Kinder werden still. – Alle? Nein, nur die, die dafür empfänglich sind.

Ein Tropfen Tinte löst sich vom Wischtuchstreifen und fällt in ein Glas mit klarem Wasser (Steter Tropfen, Seite 98). Die Tinte breitet sich im Wasser aus. Kringel, Wirbel, Mäander werden sichtbar. Sie sind noch nicht verblasst, wenn der nächste Tropfen fällt. Je ruhiger das Wasser im Glas, desto länger halten sich die bizarren und trotzdem geordneten Formen, die schon Leonardo da Vinci fasziniert haben. Irgendwann ist das Wasser im Glas eingefärbt und man muss es durch frisches austauschen, wenn man noch nicht aus dem Staunen herausgekommen ist ... Solchen Vorgängen achtsam zuzuschauen gehört für mich genauso zu den naturwissenschaftlichen Grunderfahrungen wie das lebhafte Experimentieren mit Substanzen oder der Schwerkraft.

Weitere „kontemplative“ Experimente in diesem Buch:
Salzige Wasserwirbel (Seite 68)
Salzige Eisblumen (Seite 70)
Zucker-Sonnen (Seite 62)

Experimente für jedes Alter

Sicher wird niemand erwarten, dass sich von jedem der hier vorgeschlagenen Experimente genau sagen lässt, für welches Alter es am besten geeignet ist. Dazu sind die Entwicklungsunterschiede und Interessen von Kindern gleichen Alters viel zu groß. Wenn ein Grundschullehrer heute eine erste Klasse übernimmt, muss er damit rechnen, dass die Unterschiede in Bezug auf die Schrifterfahrung zum Teil drei bis vier Jahre betragen. Manche Kinder können bereits etwas lesen und schreiben, andere wissen nur bruchstückhaft, wozu sie lesen und schreiben lernen sollen. Funktion und Aufbau der Schrift sind ihnen noch nicht bekannt. Auch in der motorischen und feinmotorischen Entwicklung unterscheiden sich Kinder im Vor- und Grundschulalter erheblich. Deshalb zunächst einige eher grundsätzliche Überlegungen.

In jedem Fall ist es sinnvoll, zwischen Versuchsvorbereitung und der Durchführung der Versuche zu unterscheiden. Manche Versuchsanordnungen sind etwas aufwendiger und verlangen die helfende Hand eines Erwachsenen. Bei anderen wiederum brauchen die Kinder mehr Begleitung bei der Durchführung.

Das ist die praktische Seite. Viel schwieriger ist die Frage zu beantworten, wie sinnvoll einzelne Experimente oder Reihen für unterschiedliche Altersgruppen sind. Ist es sinnvoll, vierjährige Kinder mit Batterien, Kabeln, Birnchen, also mit Elektrizität experimentieren zu lassen?

Ein krasses Beispiel: Ich habe mit einigen Vorschulkindern einfache Stromkreise gebaut. Lampenfassungen, Akkus, Schalter. Als Verbindung dienten Kabel mit so genannten Krokodilsklemmen. Ich musste die Kinder kurz allein lassen. Als ich wiederkam, versuchte ein Junge gerade, Nägel in eine Batterie zu klopfen, und ein Mädchen hatte sich aus abgeschnittenen Krokodilsklemmen eine farbenfrohe Halskette gebastelt. Gegen die Ideen der Kinder ist im Grunde nichts einzuwenden. Nur die Materialen waren für ihre Handlungspläne ganz und gar ungeeignet.

Handlungspläne und Material müssen zueinander passen. Eine Faustregel: Je kleiner Kinder sind, desto wichtiger ist es, ihnen das angemessene Material für ihre Pläne zu geben. Das ist sinnvoller, als sie zum ordnungsgemäßen

Gebrauch der Dinge zu nötigen. Die angemessenen Experimentierfelder für kleine Kinder sind Wasser, Sand, Bauklötze und alle Materialien, die nicht zwingend einen bestimmten Gebrauch vorschreiben.

Jetzt zu den Grenzfällen. Ich habe Hort-Kindern eine einfache Balkenwaage mitgebracht. Ich möchte, dass sie herausfinden, wie man die beiden Seiten belasten muss, damit sie im Gleichgewicht sind. Die Kinder haben allerdings im Nu etwas anderes herausgefunden, nämlich: dass sich die Balkenwaage hervorragend als Katapult eignet. Nun experimentieren sie intensiv mit Hebelwirkung, Beschleunigung, Schwerkraft, um Kastanien möglichst weit durch den Raum zu katapultieren. Ich ahne, dass es schwer sein wird, ihr Spiel zu unterbrechen, um ihre Aufmerksamkeit auf das sensible Thema Gleichgewicht zu lenken, für das ich die Waage ja eigentlich mitgebracht habe. Die Kinder beschäftigt zurzeit ein anderes Thema und ich lasse sie gewähren. Die Waage ist robust und hält einiges aus. Es ist auch nicht zu befürchten, dass jemand verletzt wird. Wenn die kleinen Entdecker auf ihre Art genug über die Hebelgesetze herausgefunden haben, kann ich es ja noch mal mit meinem Thema, dem Thema Gleichgewicht, versuchen.

So gesehen erscheint die Frage nach der Altersangemessenheit von Experimenten in einem neuen Licht. Unstimmigkeiten gibt es vor allem dann, wenn die Erwartungen der Erwachsenen, was an bestimmten Experimenten und in bestimmten Situationen gelernt werden soll, mit den aktuellen Interessen und Plänen der Kinder nicht zur Deckung zu bringen sind. In solchen Fällen spricht aber nichts grundsätzlich dagegen, sich – zumindest vorübergehend – auf die gegenwärtigen Interessen der Kinder einzulassen, sofern es die Situation erlaubt und die Materialien dafür nicht zu schade sind. Sie lernen dann zwar nicht das, was wir erwarten und erhoffen, sondern das, was ihren aktuellen Fragen und Interessen entspricht. Salopp gesagt: Es bringt nichts, Kindern Fragen zu beantworten, die sie gar nicht gestellt haben. Komplizierter ausgedrückt: „Das bedeutet, dass von den Objekten immer nur die Aspekte erkannt werden, für die beim erkennenden Subjekt Assimilationsschemata zur Verfügung stehen. Das Kind prägt dem erkannten Objekt seine eigene geistige Struktur auf und nimmt es so seinem Entwurf gemäß wahr." (Kubli 1983)

Doch ist viel gewonnen, wenn wir uns von der Rolle der belehrenden Bescheidwisser verabschieden und gemeinsam mit den Kindern auf Entdeckungsreisen gehen.

In jedem Fall ist es von Nutzen, erst einmal zu schauen oder zu erfragen, welche Pläne ein Kind gerade verfolgt, bevor wir sein Tun voreilig unterbinden.

Ein Beispiel: Ich habe eine Gruppe von Kindern um eine Schüssel mit Wasser versammelt. Wir wollen U-Boote aufsteigen lassen (Seite 82). Die Boote sind umgedrehte Gläser, die auf dem Schüsselboden stehen. Wenn man behutsam mit einem Trinkhalm Luft ins Innere pustet, hebt das Glas ab und steigt nach oben, wie ein U-Boot nach einem Tauchgang. „Du musst vorsichtig pusten, sonst funktioniert das nicht", ermahne ich einen Jungen mehrfach und vergeblich, der mit aller Kraft in seinen Halm bläst. „Geschafft", sagt er mit einem Mal und zeigt mir stolz, was ihm gelungen war. Mit seinen Kraft-Blasen hatte er tatsächlich ein kleines Boot zum Kentern gebracht, das mir gar nicht aufgefallen war. Ein interessantes Experiment. Kurz zuvor hatte ich in der Zeitung gelesen, dass Meereskundler vermuten, einige mysteriöse Schiffskatastrophen könnten durch riesige Gasblasen ausgelöst worden sein, wie sie hin und wieder vom Meeresgrund aufsteigen.

Nachdem er den Fall gelöst hat, wendet sich der Junge unverzüglich den gestrandeten U-Booten zu.

Lernanlass mit Himbeersirup
Ich hatte das Glück, als Kind eines Drogisten aufzuwachsen. Für mich und meine Schwester war der Laden unserer Eltern die bestmögliche Kindertagesstätte. Unter der Drogerie dehnte sich ein muffiges Kellergewölbe mit Lager für Tierfutter, Spirituosen und Briketts. Den Dachboden teilte sich unsere Trockenwäsche mit eingelagertem Christbaumschmuck und anderen Saisonartikeln. Zwischen Geschäfts- und Privaträumen gab es in unserem Haus keine klare Trennung. Für uns Kinder war das ganze Haus ein grenzenloser Abenteuerspielplatz. Nur ein Ort war tabu: der Giftschrank, kenntlich an einem bedrohlichen Totenkopf auf der Tür. Im diesem Schrank wurden die unheilvollen Subtanzen weggeschlossen, die man nur gegen Unterschrift im Giftbuch erwerben kann.

Unsere Eltern hatten nur wenig Zeit für uns. So konnte ich über weite Strecken des Tages unbeaufsichtigt und ungestört auf Entdeckungsreise gehen. Niemand mahnte: „Mach dich nicht schmutzig." Oder riet mir: „Fall da nicht runter."

Den Reklamekeller liebte ich besonders. In ihm wurden ausrangierte Schaufensterdekorationen zwischengelagert. Schaustücke, die blinkten oder mit motorbetriebenen Turnern Passantenblicke auf sich ziehen sollten. Ich experimentierte mit Haftplättchen für Gebissträger, klebte mir Sterne aus Salmiakpastillen auf den Handrücken und stöberte heimlich in den hundert Schubfächern meines privaten Selbstbedienungsladens. Ich half beim Abwiegen von Fencheltee, lernte Himbeersirup abzufüllen und durfte im grünen Dunkel des Fotolabors miterleben, wenn die Urlaubsfotos unserer Kunden im Entwicklerbad erst blasse Konturen zeigten, um dann unaufhaltsam ihre endgültige Gestalt anzunehmen. Bei anstößigen Fotos wurde ich vorsorglich rausgeschickt.

Stundenlang spielte ich mit leeren Filmspulen. Sie ließen sich zu einer erstaunlichen Vielfalt von Figuren, Bauwerken und Fahrzeugen zusammenstecken.

Wir hatten Obstbäume im Garten, Hühner, Ziegen, Hunde, einen Sandkasten, eine verrostete Wippe und eine morsche Schaukel. Wir durften in einer großen Zinkwanne baden und auf das Dach des Hühnerstalls klettern. Wir hatten immer zu tun.

Hin und wieder fand mein Vater Zeit für mich und zeigte mir, wie man mit Werkzeug umgeht, bastelte mit mir einfache Stromkreise. Als ich älter wurde, vertraute er mir die neusten Kameras an und ließ mich selbständig im Fotolabor arbeiten.

Klingt nach Idylle. War es wohl auch ein Stück. Aber nie würde ich deshalb gleich behaupten, früher sei alles besser gewesen. Sorgen und Ängste hatte ich wie andere Kinder auch. Nur in mancher Hinsicht habe ich einfach Glück gehabt. Das Glück, aufzuwachsen in einer Umgebung, randvoll mit Anregungen und Herausforderungen für Sinne, Leib und Verstand. Das Glück, dass nicht ständig fürsorgliche Aufpasser meine Welterkundung in kontrollierte Bahnen lenken wollten. Und: Eltern, die darauf vertrauten, dass wir – auch unbeaufsichtigt – nicht allzu viel Unsinn anstellen würden. Es blieb ihnen ja auch nicht viel anderes übrig.

Vielleicht ist meine Schilderung etwas zu ausführlich geraten für das, worauf ich hinaus will. Das ist nämlich mit einem Satz gesagt: Wo eine lebendige Vielfalt die Aufmerksamkeit unserer Kinder lenkt, müssen wir für sie keine besonderen Lernanlässe organisieren, keine besonderen Stunden- und Bildungspläne aufstellen. Genug Neugier bringen alle Kinder mit. Neugier braucht Anregung und Futter. Ihre Anregung ist die bunte Welt, ihr Futter die Erfahrung. Ist sie mit Erfahrung gesättigt, braucht sie Zeit zum Verdauen. Und dann ist die Neugier wieder fit für alles, was ihren Appetit anregt.

Organisierte Lernanlässe

Nun hat es der gesellschaftliche Wandel in den Industrieländern mit sich gebracht, dass solche vielseitigen, naturwüchsigen Lernumwelten rar geworden sind. Immer mehr Lernanlässe müssen geplant, inszeniert, organisiert werden.

Beispiel Bewegung: Welches Kind kann sich heute einfach auf der Straße mit seinem Kumpels zum Fußballspiel treffen?

Beispiel Natur: Wie weit ist es zum nächsten Wald oder Feld, wo Kinder auch unbeaufsichtigt Natur erkunden und erleben können?

Beispiel naturwissenschaftliche und technische Grunderfahrung: Welcher Haushalt ist so reichhaltig ausgestattet mit Material, Werkzeug, Platz, dass Kinder jederzeit loslegen können?

Wichtiger noch: Wo sind im Familienalltag die erfahrungssatten Ereignisse, Herausforderungen, Anlässe zum Erfinden und Entdecken? Nicht nur bei Festen, Feiern und geplanten Freizeitaktivitäten, sondern im normalen Tagesablauf.

In meinem Elternhaus brauchte sinnvolle Kinderbeschäftigung nicht extra organisiert zu werden. Platz war reichlich vorhanden, Material, Werkzeug, sowie Anreize und Herausforderungen, die sich einfach aus dem abenteuerlichen Versuch ergaben, einen wuseligen Geschäftsbetrieb und eine Familie mit zwei Kindern unter einen Hut zu bekommen.

Heute geht es in den meisten Familien ruhiger zu. Dafür stellt sich ein anderes Problem: Wie fördern wir unsere Kinder möglichst vielseitig, wenn es ihre Umgebung nicht von allein tut? Und zwar möglichst so, dass auch wir etwas davon haben; dass das Zusammensein mehr ist als ein stressiges Beschäftigungsprogramm: Kinderturnen, Basteln, Zirkus, Kino, Kindergeburtstag, Hausaufgaben, Fußball, Vergnügungspark. Und jetzt auch noch Experimentieren in Haus und Garten. Mir liegt sehr daran, dass dieses Büchlein nicht als Pflichtprogramm missverstanden wird, sondern als Anregung für vergnügliche Entdeckungsreisen.

Lernanlass Abendbrot
Wir sind beim Abendbrot. Auf dem Rohkostteller liegt eine Möhrenscheibe. „Schwimmen Möhren eigentlich?", frage ich die Runde. Vielleicht haben die naturkundlichen Studien im Hause Kraepelin einst ähnlich begonnen.

Ich weiß es selber nicht. Zögere aber, es gleich auszuprobieren. Wir schließen erst mal Wetten ab. Meine Frau sagt: „Die schwimmen. In der Hühnersuppe schwimmen sie auch." Carolin meint: „Wenn man sie in ganz dünne Scheiben schneidet, dann schwimmen sie." Hannes: „Nein. Kleine Scheiben gehen unter nur. Wenn man die ganze Möhre ins Wasser tut, dann schwimmt sie."

Ich bin mir unsicher, tendiere aber zu: „Schwimmt." Carolin schneidet ein mittelgroßes Stück ab und gibt es in ihr Trinkglas, wo es, ohne zu zögern, versinkt. „Das Stück ist zu groß", sagt Carolin, „man muss die Stücke kleiner schneiden." „Nein, zu klein", sagt Hannes, „man muss eine ganze Möhre nehmen."

Meine Frau holt vorsichtshalber ein weiteres Glas und ein Küchentuch. Während Carolin schnipselt, lässt Hannes eine komplette Möhre zu Wasser. Sie versinkt auf der Stelle. „Siehst du", sagt Carolin. „Pass auf!" Aber ihre Schnipsel, Scheiben und Stifte gehen genauso unter. Ich habe unterdessen das Ende mit dem Strunk genommen und zurechtgeschnitzt. Ich setzte es vorsichtig aufs Wasser.

„Es schwimmt!“, triumphiere ich. Aber nur einen Moment, dann ist auch mein Boot versunken.

Alles vergeblich? Die Idee, dass es an der Form liegt, ist aber noch nicht ganz vom Tisch. Carolin hat einen Einbaum geschnitzt, sehr geschickt. Geht aber trotzdem unter. Ich weiß warum, sage es aber nicht. Sie hat eine Rinne geschnitzt mit offenen Enden, sodass das Boot unverzüglich volläuft und absäuft.

Hannes ist mit seinem Schlauchboot erfolgreicher. Er hat eine dicke Möhrenscheibe vorsichtig mit dem Kartoffelschälmesser ausgehöhlt. Aber auch bei ihm gab es Fehlversuche. Zuvor hatte er es mit Ringen versucht. Ein Ring ist aber nichts anderes als ein Boot mit einem Riesenloch in der Mitte. Wieso sollte das schwimmen?

Aber warum schwimmt ein Schwimmring? (Ganz einfach: Weil er von sich aus schon leichter ist als Wasser, da spielt die Form keine Rolle.)

Ich habe unterdessen eine hauchdünne Möhrenscheibe abgeschnitten und unbemerkt auf Wasser gesetzt. Zu aller Erstaunen hält sie sich auf der Wasseroberfläche. „Probiert das auch mal“, schlage ich vor. Meine Frau kommt als Erste drauf, dass man die Scheibe ganz, ganz vorsichtig aufsetzen muss. Dann wird sie von der Haut des Wassers getragen. Allerdings auch nicht lange. Die Möhre saugt sich voll und geht unter.

Was gibt es noch, was eine Möhre veranlassen könnte, zu schwimmen?

„Was ist mit Salz?“, schlage ich vor. Wieder stimmen wir ab, bevor wir es probieren. Zwei zu zwei.

Ein Löffel Salz, umrühren und warten, bis alles Salz gelöst ist. Und? Die Möhre scheint sehr unentschlossen. Sie schwebt zwischen oben und unten. Noch einen Löffel Salz. Gut umrühren. Jetzt hat sie sich entschieden. Sie taucht auf und bleibt oben. „Geht das auch mit Zucker?“, will Carolin wissen. Abstimmung: Nur Hannes glaubt an die Tragekraft gelösten Zuckers. Erst scheint er falschzuliegen. Aber nach dem dritten Löffel erweist sich auch das Zuckerwasser als tragfähig. Merkwürdig: Die Möhren im Salzwasser sind mittlerweile klammheimlich untergetaucht.

Was kann man noch ausprobieren? Speiseöl? Zum Probieren reicht ein Eierbecher voll: „Schwimmt“, so die einhellige Ansicht bei der Abstimmung. Voll daneben, zeigt die Praxis.

Nächster Test: heißes Wasser, kaltes Wasser?

Wasser wird erwärmt, Eiswürfel aus dem Kühlschrank geholt. Abstimmung. Versuch.

Das Schöne ist: Fast jede Idee kann man gleich überprüfen. Sprudelwasser zum Beispiel. Schwimmen Möhren in Mineralwasser? Probieren wir's doch aus.

Was noch? Schwimmhilfen? Vielleicht ein Blatt Papier drunterlegen?

Ich weiß nicht mehr, wer auf die Idee mit den Trinkhalmen kam. Vielleicht waren sie erst nur als Verzierungen gedacht. Aber dann fanden die Kinder heraus, dass ein oder zwei richtig angebrachte Trinkhalmabschnitte jedes Möhrenstück zu einem verlässlichen Schwimmer machen.

Für die weiteren Versuche waren die Trinkgläser ungeeignet. Eine Salatschüssel mitten auf dem Tisch erfüllte besser den Zweck einer Versuchsstation.

Irgendwann haben wir dann abgebrochen, obwohl noch viele Fragen offen blieben:

Wenn man Möhren trocknet, schwimmen sie dann besser?

Wieso schwimmt von manchen das Stück mit dem Strunk so gut?

Schwimmen Bio-Möhren besser, weil sie frei sind von Schwermetallen?

Schwimmen Äpfel? Gurken? Weintrauben?

Kommentar zu den schwimmenden Möhren
Die Größe der Möhrenstücke spielt keine Rolle. Ausschlaggebend ist die so genannte Dichte: das Verhältnis von Volumen und Masse. Ist die Dichte geringer als die des Wassers, schwimmt die Möhre.

Salz und Zucker und andere Substanzen, die sich im Wasser lösen, erhöhen die Dichte des Wassers. Deshalb schwimmen die Möhrenstücke, wie die Zeitungsleser im Toten Meer. Mit der Zeit aber dringt das Salzwasser (oder das Zuckerwasser) in die Möhre ein und dann ist kein Dichteunterschied mehr vorhanden.

Auch die Temperatur beeinflusst die Dichte. Kaltes Wasser ist dichter als heißes, es trägt daher besser. Nur in der Nähe des Gefrierpunktes gilt das nicht mehr, da sinkt die Dichte. Eis wiegt weniger als die gleiche Menge Wasser.

Öl ist leichter (weniger dicht) als Wasser. Fett schwimmt oben. Obwohl es zähflüssiger ist, kann es die Möhren nicht tragen. Im Strunk der Möhren ist manchmal ein wenig Luft versteckt. Die hält die Möhrenstücke über Wasser.

Bei einem Möhrenstück in Bootsform kommt zusätzlich die Form ins Spiel. Entscheidend dabei ist, dass viel Wasser beim Eintauchen verdrängt wird, ohne dass Wasser eindringt.

Das archimedische Prinzip besagt: Die Auftriebskraft, die ein Körper in einer Flüssigkeit erfährt, ist genauso groß, wie die Gewichtskraft der vom Körper verdrängten Flüssigkeit. Die Auftriebskraft wirkt der Gewichtskraft entgegen.

Die Kraft des Wassers auf einen eingetauchten Körper kann man sehr deutlich spüren, wenn man einen Gegenstand unter Wasser anhebt: Im Wasser ist er scheinbar leichter. Dieser Effekt ist besonders deutlich bei einer mit Wasser gefüllten Flasche zu erfahren. Unter Wasser scheint sie nichts mehr zu wiegen, weil die Auftriebskraft die Gewichtskraft fast völlig ausgleicht.

Ob Gurken, Äpfel, Trauben schwimmen? Probieren wir es aus. Aber wie immer werden vorher Wetten abgeschlossen.

Der umsichtige Reisebegleiter

Kinder beim Experimentieren zu begleiten erfordert Feingefühl. Es ist fast schon selbst ein Experiment. Zu viel Eifer richtet genauso Schaden an, wie zu große Zurückhaltung. Die Kunst ist, zur rechten Zeit angemessene Impulse zu geben. Wenn das nicht immer gleich gelingt, lernt man daraus, wie man es beim nächsten Mal besser macht. Versuch macht klug. Oft juckt es mir in den Fingern, einem Kind den entscheidenden Tipp zu geben: „Du musst nur ein größeres Gewicht nehmen, dann kippt es nicht um." Vielleicht hätte Carolin das eine Minute später selbst herausgefunden und wäre mächtig stolz darauf. Diese Freude habe ich ihr genommen.

Viel seltener kommt es vor, dass ich die Kinder überschätze und ihnen zu wenig auf die Sprünge helfe. Das passiert immer dann, wenn ich befürchte, dass ich mit meinen Ideen bevormunde. Aber oft stecken in einem Versuchsaufbau noch viele interessante Möglichkeiten, auf die sie einfach nicht kommen. Es wäre schade, sie nicht wenigstens darauf hinzuweisen. Ein Fingerzeig, eine hilfreiche Frage, schon wäre der Weg frei.

Das Wichtigste noch einmal in Stichworten
Am besten ist es, wenn sich Anlässe zum Experimentieren aus dem normalen Tagesablauf ergeben. Beim Kochen, beim Baden, beim Aufräumen, bei den Mahlzeiten.

Machen Sie keine Lehrstunde aus den Experimenten. Lassen Sie den Kindern Raum und Zeit für eigene Vorhaben.

Vor jedem Versuch werden „Wetten" abgeschossen. Was wird passieren? Das erhöht die Spannung und regt zum Denken an.

Geben Sie nicht auf, wenn etwas nicht gleich so klappt, wie es sollte. Versuch macht klug.

Halten Sie sich zurück mit wissenschaftlichen Erklärungen. Wenn Ihr Kind plausible Erklärungen hat, überlegen Sie gemeinsam, wie sie sich überprüfen lassen.

Geben sie – wo es Ihnen sinnvoll erscheint – Impulse, Denkhilfen, stellen sie ergänzende und alternative Materialien zur Verfügung.

Seien Sie neugierig, verfolgen Sie Ihre eigenen Fragen, gehen Sie gemeinsam mit Ihren Kindern auf Entdeckungsreise.

Die Entdecker-Tour, der wir in diesem Buch folgen, ist alles andere als verbindlich. „Küche“, „Bad“, „Garage“, „ums Haus herum“ sind lediglich Orientierungshilfen – und ein Versuch, die Experimente thematisch ein wenig zu ordnen. Die Küche ist naturgemäß der Ort für Versuche mit Zucker und Salz, Karotten und Rotkohl, Eiern, Rosinen, Hefe und Brausepulver. Nicht zu vergessen: Eiswürfel und Gummibären.

Im Bad ist das Wasser naheliegenderweise der Hauptdarsteller. Meist im Zusammenspiel mit Luft. Etwa, wenn es ums Tauchen, Schwimmen und vor allem um die schönste Kombination von Luft und Wasser geht: die Seifenblasen.

Garage und Werkstatt stehen in diesem Buch für Experimente mit Rädern, Fahrzeugen, Kreiseln, Federn. Hier bewegt sich was. Mechanik, Energie, Reibung, Schwerkraft würde die Schulphysik dazu sagen.

Die Überschrift „Ums Haus herum“ darf man nicht allzu wörtlich nehmen. Gemeint ist lediglich, dass die Versuche etwas mit Sonne und Wetter, Erde, Sand und Pflanzen zu tun haben. Also mit Dingen und Phänomenen, die eher nach draußen gehören als ins Haus. Von den Zimmerpflanzen mal abgesehen.

1 In der Küche

Tanzende Rosinen

Wie Sprudelwasser Rosinen auf Trab bringt

Das brauchen wir:
ein Einmachglas
Mineralwasser mit viel Kohlensäure
Rosinen
Mais
Mandelsplitter
Kürbiskerne

So wird's gemacht:
Wir füllen ein möglichst großes Glas mit Mineralwasser. Nun geben wir etwa acht Mandelsplitter, acht Kürbiskerne und acht Rosinen hinein.

Was beobachten wir?
Einige Rosinen trudeln zum Grund. Sie bleiben dort aber nicht lange. Nach einiger Zeit steigen sie wieder auf und dann beginnt das Spiel von Neuem.

Das funktioniert nicht nur mit Rosinen. Auf die gleiche Weise können wir verschiedene Samen, Nüsse, Fruchtstücke, Nudeln zum Tanzen bringen. Man muss ausprobieren, welche Sachen sich eignen. Was zu schwer ist, bleibt unten liegen, und was zu leicht ist, taucht gar nicht erst unter.

Was geht hier vor?
Wer genau hinschaut, sieht, dass an den Rosinen kleine Blasen haften. Sie wirken wie Schwimmflügel und lassen die Rosinen nach oben steigen. An der Oberfläche lösen sich einige Blasen ab. Dadurch werden die Rosinen schwerer. Sie sinken, bis sich genug neue Blasen gebildet haben und sie wieder aufsteigen. Das geht so lange, wie noch Kohlensäure im Wasser ist. Die sorgt nämlich für die Bläschen und den prickelnden Geschmack. Mit frischem Sprudel können wir die Tänzer wieder auf Trab bringen.

Blasen-Automat

Wie man Brausetabletten als Blasenmacher benutzen kann

Das brauchen wir:
eine Plastikflasche, die sich leicht zusammendrücken lässt
einen Luftballon
Trinkhalme

So wird's gemacht:
Wir erweitern das Ende eines Trinkhalms so, dass wir einen zweiten Trinkhalm hineinstecken können. Um die Trinkhalmöffnung zu vergrößern, nimmt man am besten die Spitze eines Kugelschreibers und dreht und drückt sie hinein. Die Verbindung muss ganz dicht sein, sonst gelingt der Versuch nicht.

Als Nächstes geben wir zwei Brausetabletten in eine leere Plastikflasche. Dann legen wir einen Luftballon über die Öffnung und spannen mehrmals ein Gummiband um den Flaschenhals. Besser hält ein kleiner Kabelbinder aus dem Baumarkt. Wir piksen ein Loch in die Mitte und schieben ein Ende unseres Doppelhalms hinein. Das andere Ende kommt in ein Glas mit Leitungswasser, so, wie es auf der Zeichnung zu sehen ist.

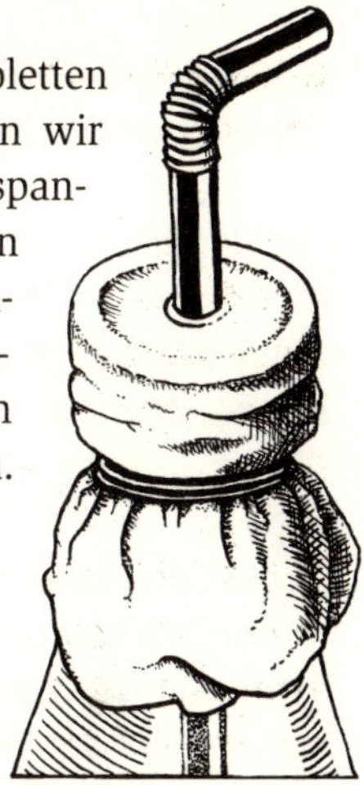

Jetzt drücken wir die Flasche so weit wie möglich zusammen – es blubbert im Glas – und lassen wieder los. Wenn alles gut geht, sollte jetzt ein wenig Wasser aus dem Glas in die Flasche gepumpt werden.

Was beobachten wir?
Sobald die Brausetabletten Wasser bekommen, fangen sie an zu schäumen und aus dem Trinkhalm-Ende im Glas steigen Blasen auf.

Was geht hier vor?
Wenn man Brausetabletten in Wasser auflöst, wird eine chemische Reaktion in Gang gesetzt, bei der Kohlensäuregas entsteht. Das ist die gleiche Kohlensäure, die Sekt und Selters zum Perlen bringt. Die Kohlensäure verdrängt die Luft in der Flasche, welche durch unsere Trinkhalmverbindung in das Wasserglas ausweichen kann. Dort sehen wir sie als Blasen aufsteigen. Das testen wir, indem wir ein Ende unseres Doppelhalms zuhalten und in das andere hineinpusten. Wenn nirgends Luft austritt, ist alles perfekt.

Schaum-Löscher

Wie man mit Brausetabletten Kerzen löschen kann

Das brauchen wir:
ein Trinkglas
Blumendraht
Brausetabletten
Wasser

So wird's gemacht:
Wir nehmen ein etwa 20 Zentimeter langes Stück Blumendraht und wickeln ein Ende um eine kleine Kerze. Wir biegen den Draht so zurecht, wie es auf der Zeichnung zu sehen ist. Jetzt füllen wir etwas Wasser in ein Glas, geben eine halbe Brausetablette dazu und warten, bis sie sich ganz aufgelöst hat.

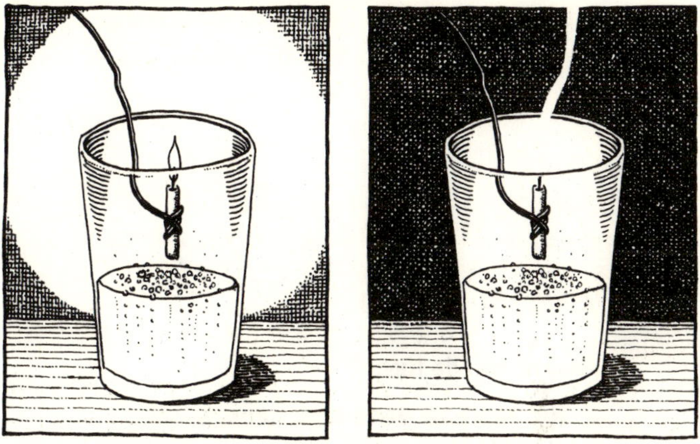

Wir zünden die Kerze an und senken sie langsam am Draht ins Glas hinunter.

Was beobachten wir?
Die Kerzenflamme wird blass und erlischt schließlich. Nur wenn wir sie rechtzeitig aus dem Glas holen, können wir sie retten.

Was geht hier vor?
Die kleinen Bläschen, die schäumend aufsteigen, wenn wir eine Brausetablette auflösen, enthalten Kohlendioxid. Kohlendioxid ist ein unsichtbares Gas, das auch in der Luft enthalten ist. Kohlendioxid ist schwerer als Luft. Es legt sich wie Nebel auf die Wasseroberfläche. Sobald die Kerze in diese Schicht eintaucht, bekommt sie keine Luft mehr und muss schließlich erlöschen. Wenn wir einmal über den Glasrand pusten, ist wieder frische Luft im Glas, und die Kerze hat genug Sauerstoff zum Brennen. Es dauert wieder eine Weile, bis der Kohlendioxidspiegel so weit angestiegen ist, dass die Kerze wieder ausgeht.

Kinderwelten 1

Können Hunde lügen?

- **Nur Hund zu Hund lügt; der eine sagt „Wau“, der andere „Wau wau“, und schon hat er gelogen.**
- **Nein, die sind viel zu ehrlich, jedenfalls die, die ich kenne.**
- **Ja, verbuddeln den Knochen und bellen das Herrchen an.**
- **Wachhunde vielleicht, die bellen in der Nacht, man guckt aus dem Fenster und keiner ist da.**
- **Nur wenn sie sprechen lernen wie die Menschen, dann können sie auch lügen.**

Kinderwelten 2

Wo sind die Gänseblümchen im Winter?

- **Auf der anderen Seite der Erde – am Südpol, wo das schön warm ist.**
- **Die schlafen in ihrem Beet.**
- **Die schlafen unter dem Schnee, unter einer weißen Winterdecke.**

Hefe bei der Arbeit

Dem Geheimnis der Hefebakterien auf der Spur

Das brauchen wir:
ein 30-Gramm-Päckchen Trockenhefe
einen Teelöffel Zucker
einen Messbecher
eine Glasflasche
einen Luftballon
eine Schüssel mit warmem Wasser

So wird's gemacht:
So können wir Bakterien bei der Arbeit zusehen. Wir vermischen die Trockenhefe im Messbecher zuerst mit dem Zucker und zwei Esslöffeln warmem Wasser. Dann schütten wir die Hefemischung in die Flasche und spannen den Ballon über die Flaschenöffnung. Wir stellen die Flasche nun in eine Schüssel, die zur Hälfte mit warmem Wasser

gefüllt ist, und beobachten, was in der nächsten Viertelstunde geschieht.

Was beobachten wir?

Zuerst passiert gar nichts. Nach einigen Minuten füllt sich dann der Ballon. Aber womit? Er wächst in den nächsten Stunden zu einer erstaunlichen Größe. Am nächsten Morgen aber ist er wieder ein Stück geschrumpft.

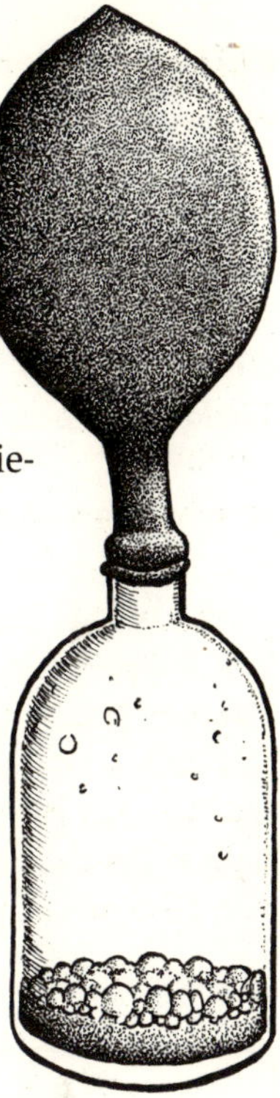

Was geht hier vor?

Die Hefekörnchen in der Trockenhefe sehen nicht lebendig aus. Und doch: Sobald wir Wasser, Zucker und Wärme dazugeben, erwachen sie zum Leben. Die Bakterien erzeugen beim Fressen des Zuckers ein Gas, das Kohlendioxid. Deshalb blubbert die Hefemischung in der Flasche und der Ballon füllt sich langsam mit diesem Gas.

Zucker-Sonnen

Wie süße Tinte sich im Wasser ausbreitet

Das brauchen wir:
wasserlösliche Farbe (Tinte)
eine Pipette
einen Teller
Zuckerwürfel

So wird's gemacht:
Wir füllen einen Teller mit etwas Wasser und stellen einen Zuckerwürfel hinein. Wir warten etwa eine Minute ab, bis das Wasser zur Ruhe gekommen ist, geben dann einige Tropfen Farbe auf den Würfel und stellen ihn in die Mitte des Tellers in das Wasser. Ganz langsam und gleichmäßig breiten sich die farbigen Zacken der Zuckersonne fast bis zum Rand des Tellers aus.

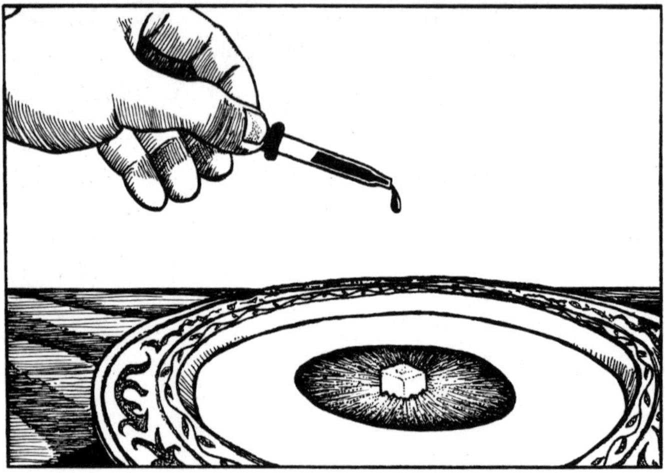

Was beobachten wir?
Der Zuckerwürfel zerfällt langsam. Gleichzeitig breitet sich die Farbe kreisförmig im Teller aus. Wenn sich der Zuckerwürfel aufgelöst hat, hört das Schauspiel auf.

Was geht hier vor?
Ähnlich wie Salz hat auch Zucker das Bestreben, sich in Wasser aufzulösen. Auch wenn wir nicht umrühren, verteilt er sich in einem Glas oder einem Teller mit Wasser. Das können wir genau beobachten, wenn wir den Zucker wie bei diesem Versuch einfärben. Der Zucker löst sich unsichtbar im Wasser auf, drängt zu den Seiten und nimmt dabei die farbige Tinte mit. Wir können genau verfolgen, welchen Weg der Zucker nimmt.

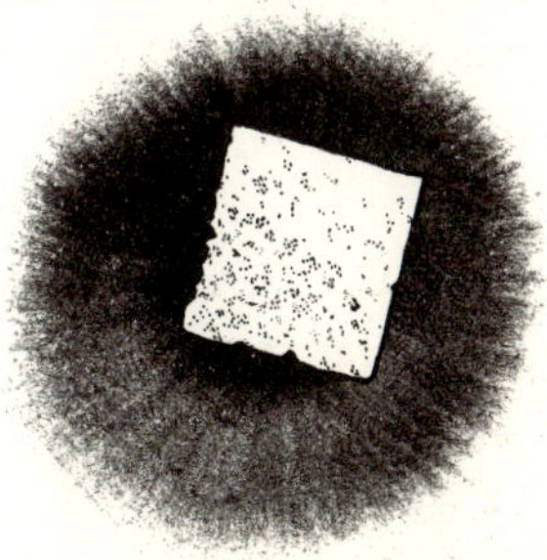

Können Karotten schwimmen?

Eine einfache Frage und viele Antworten

Das brauchen wir:
eine Karotte
Salz
ein Glas
ein Messer
Trinkhalme

So wird's gemacht:
Wir füllen eine Schale mit Wasser und halten eine Karotte und ein Messer bereit. Bevor es losgeht, stellen wir uns die Frage: „Können Möhren schwimmen?" Dann schneiden wir die Möhren in unterschiedlich große Stücke und überprüfen unsere Vermutungen. (Seite 43–47)

Was beobachten wir?

Die Frage, ob Karotten schwimmen, lässt sich gar nicht generell beantworten. Das hängt von ganz verschiedenen Bedingungen ab. In der Regel gehen große Karottenstücke sofort unter.

Was geht hier vor?

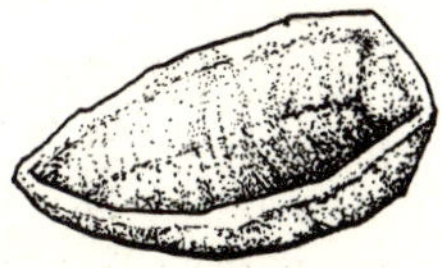

Die Größe der Möhrenstücke scheint keine Rolle zu spielen. Kleine Stücke schwimmen genauso gut oder schlecht wie große. Die Form spielt schon eher eine Rolle. Wenn es uns gelingt, ein Stück Karotte so auszuhöhlen, dass es die Form eines Bootes annimmt, können wir Glück haben und es dümpelt wie eine Nussschale auf unserem Versuchsteich. Auch kann es uns gelingen, eine ganz dünne, flache Scheibe vorsichtig auf das Wasser zu setzen. Dann wird sie von der Grenzflächenspannung des Wassers getragen. Eine dritte Möglichkeit besteht darin, kleine Trinkhalmstücke als Schwimmflügel in die Mohrrübenschiffchen zu stecken. Wenn wir Salz ins Wasser geben, erhöhen wir die Dichte des Wassers. Die Möhren schwimmen.

Hier sind unserer Fantasie und unserem Ingenieursgeschick kaum Grenzen gesetzt.

Kinderwelten 3

Kann die Erde sterben?

- **Kann sie nicht, weil sie aus Stein ist und weil es auch gut so ist, wenn sie nicht sterben kann.**
- **Doch, die kann zerstört werden.**
- **Die kann nicht sterben, die dreht sich nur um die Sonne.**
- **Wenn alle Menschen tot sind, alle Tiere und Pflanzen, wenn es gar kein Leben mehr gibt auf der Erde, dann ist auch die Erde tot.**
- **Nee, die ist immer da.**

Kinderwelten 4

Kann mich der Zauberer in ein Kaninchen verwandeln?

- **Na klar, wozu ist er sonst ein Zauberer.**
- **Ja, er ist ein Zauberer und kann alles verwandeln.**
- **Nein, denn es gibt keine echten Zauberer.**
- **Nur wenn er dafür einen Zauberspruch hat.**
- **Kann er nicht, weil ich dann schnell weggehe.**
- **Vielleicht ja.**
- **Kommt drauf an, welcher Zauberer.**
- **Es gibt keinen Zauberer, aber er kann es trotzdem.**

Salzige Wasserwirbel

Was Salzwasser anstellt, wenn es auf Leitungswasser trifft

Das brauchen wir:
zwei leere Flaschen
Salz
Lebensmittelfarbe

So wird's gemacht:
Wir lösen in einem Krug mit Wasser mehrere Löffel Salz und füllen das Salzwasser in eine kleine Fasche. Eine zweite, gleich große Flasche füllen wir mit eingefärbtem Leitungswasser.

Auf die Flasche mit dem Salzwasser legen wir nun ein Stück Pappe, halten es gut fest, drehen die Flasche um und stellen sie kopfüber auf die andere Flasche – am besten über einem Spülstein oder Waschbecken. Wir ziehen be-

hutsam den Pappstreifen heraus, während jemand die Flaschen festhält.

Was beobachten wir?
Sofort beginnen die beiden Flüssigkeiten, ihre Plätze zu tauschen und sich zu vermischen. Nach einiger Zeit hat der Inhalt beider Flaschen die gleiche Farbe angenommen.

Was geht hier vor?
Das Salzwasser in der oberen Flasche will sich mit dem eingefärbten Leitungswasser in der unteren Flasche vermischen. Dazu müssen die Flüssigkeiten durch den engen Flaschenhals. Das Salzwasser sinkt nach unten, und das farbige Wasser steigt auf. Das geht so lange, bis sich der Inhalt beider Flaschen nicht mehr voneinander unterscheidet.

Salzige Eisblumen

Was passiert, wenn Salzwasser verdunstet

Das brauchen wir:

100 Gramm Bittersalz (Magnesiumsulfat) aus der Apotheke
einige Glasscheiben oder Spiegel
ein kleines Glas mit Wasser
einen dicken Pinsel

So wird's gemacht:

Wir füllen ein kleines Glas mit warmem Wasser und geben einen Teelöffel Bittersalz hinein. Gut umrühren. Wenn sich das Salz aufgelöst hat, geben wir die nächste Portion Bittersalz hinzu. Wieder umrühren. Das wiederholen wir so lange, bis sich das Salz nicht mehr im Wasser auflöst, sondern eine Schicht auf dem Grund des Glases bildet.

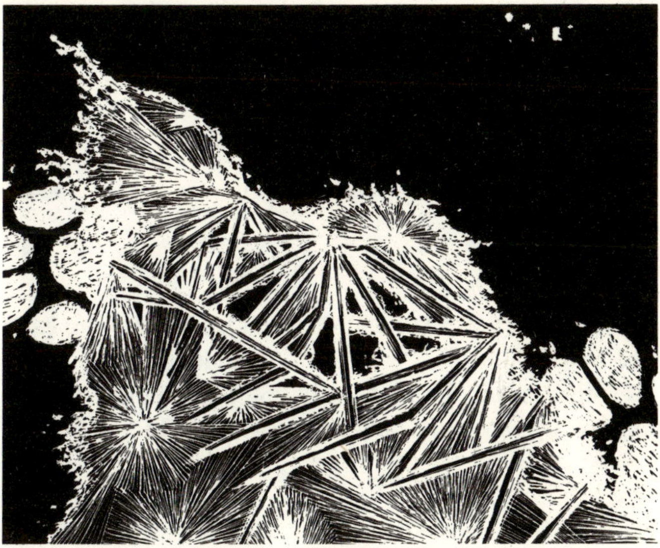

Mit einem Pinsel verstreichen wir die Salzlösung auf einer Glasplatte zu Linien, Flecken und Kreisen. Wir stellen alles über Nacht an einen warmen Ort.

Was beobachten wir?
Über Nacht bilden sich kleine und große weiße Kristallgebilde auf der Glasscheibe. Sie sehen aus wie die Eisblumen an einer Fensterscheibe.

Was geht hier vor?
Die Bittersalzkristalle lösen sich fast vollständig im warmen Wasser auf. Erst wenn wir zu viel nehmen, bleibt das Wasser trübe. Sobald wir die Salzlösung auf die Glasscheibe aufgetragen haben, beginnt das Wasser zu verdunsten, Das Salz dagegen kann nicht verdunsten und bleibt zurück. Es erstarrt zu bizarren Kristallmustern.

Weich-Eier

Was Essig mit Eierschalen anstellt

Das brauchen wir:
ein rohes Ei
Essigkonzentrat
ein Trinkglas

So wird's gemacht:
Wir legen ein rohes Ei in ein Glas mit konzentriertem Essig und beobachten, was passiert. Wie fühlt sich das Ei nach drei Stunden an? Nach etwa sechs Stunden spülen wird das Ei gründlich ab und halten es gegen das Licht.

Was beobachten wir?
Nach kurzer Zeit schon bilden sich auf der Eierschale zahllose Bläschen. Sie sind ein Zeichen dafür, dass etwas mit der Schale geschieht.

Was geht hier vor?
Eierschalen sind aus Kalk, und darauf hat es der Essig abgesehen. Er hat gleich damit begonnen, die Kalkschale aufzulösen. Nach drei bis zwölf Stunden ist die Eierschale ganz verschwunden. Nur das zarte Eihäutchen, das unter der Schale ist, hält das Ei noch zusammen. Wenn wir das Ei jetzt gegen das Licht halten, können wir deutlich den Eidotter erkennen. Mit einem solchen Gummi-Ei kann man lustige Sachen anstellen, bevor es in die Pfanne kommt.

Sauer macht rot

Was Essig mit Rotkohlsaft anstellt

Das brauchen wir:
einen Kopf Rotkohl
Essig
zwei Gläser

So wird's gemacht:
Einige Rotkohlblätter klein schneiden und etwa 20 Minuten lang kochen. Dann den Topf vom Herd nehmen und kalt werden lassen. Das kräftigblaue Kochwasser gießen wir durch ein Sieb in einen Krug. Zur Farbprobe gießen wir es in ein Glas. Wenn seine Farbe so intensiv ist, dass man nicht durchschauen kann, müssen wir den Saft mit Wasser verdünnen.

Wir stellen zwei gleich aussehende Gläser vor uns auf den Tisch. Vor der Vorführung spülen wir das zweite Glas mit klarem Essig aus und lassen gerade noch so viel Essig im Glas, dass man nichts davon sieht.

Was beobachten wir?
Wenn wir den blauen Kohlsaft in dieses Glas gießen, wird er rot.

Was geht hier vor?
Die Säure im Essig reagiert mit dem blauen Farbstoff im Kohl. Den gleichen Effekt können wir übrigens auch mit Zitronensaft erzielen. Der Kohlfarbstoff wirkt wie ein Indikator, der anzeigt, wie sauer eine Flüssigkeit ist.

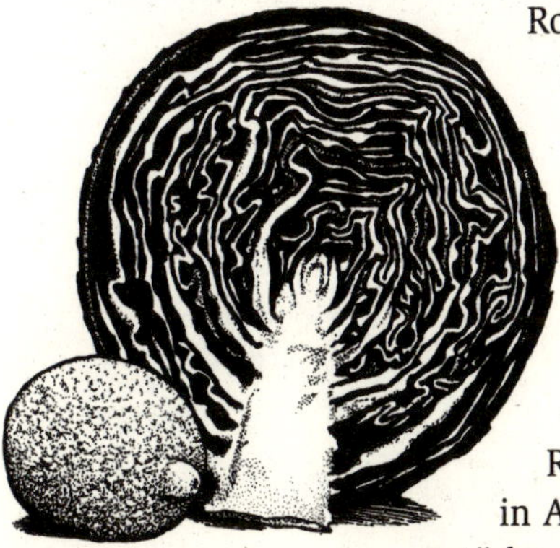

In Norddeutschland heißt es Rotkohl und in Süddeutschland Blaukraut, obwohl es sich um dasselbe Gemüse handelt. Die unterschiedliche Farbe wird durch den pH-Wert des Bodens verursacht, auf dem er wächst. Der Farbstoff im Rotkohl/Blaukraut ändert in Abhängigkeit von der Säurestärke des Bodens seinen Ton. Auf sauren Böden, wie sie vor allem in Norddeutschland zu finden sind, wächst somit der Rotkohl und auf den „milden“ Böden des Südens das Blaukraut.

2 In Bad und Waschbecken

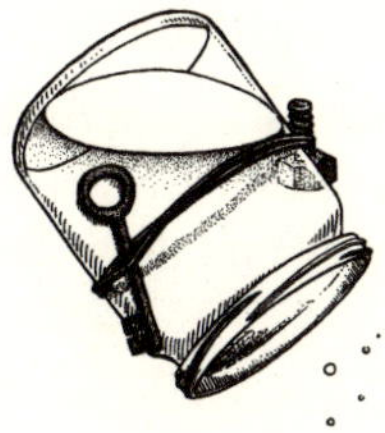

Der Trick mit dem Pappdeckel

Wie man Wasser am Auslaufen hindert

Das brauchen wir:
ein Glas
Wasser
Pappdeckel, z. B. eine Karteikarte

So wird's gemacht:
Wir füllen Wasser in das Glas und decken es mit dem Pappdeckel zu. Wir drücken den Deckel fest auf das Glas und drehen es mit Schwung um. Jetzt lassen wir den Deckel vorsichtig los.

Was beobachten wir?
Wenn alles richtig klappt, sollte jetzt der Deckel unter dem Glas kleben bleiben. Kein Wasser fließt heraus.

Was geht hier vor?

Dieser verblüffende Trick funktioniert fast immer. Trotzdem empfiehlt sich eine wasserfeste Unterlage. Die Physiker sagen, es ist der Luftdruck, der den Deckel von außen gegen das Glas drückt. Dieser ist nämlich viel stärker als das Gewicht des Wassers. Das ist wohl sachlich richtig, aber nicht so ohne weiteres vorstellbar. Interessant ist es, herauszufinden, ob es egal ist, wie viel Wasser sich im Glas befindet, wenn man es umdreht. Noch ein Hinweis: Wenn der Pappdeckel zu glatt ist, besteht die Gefahr, dass er abrutscht.

Ein Glas Luft einschenken

Wie man Luft von einem Glas ins andere füllt

Das brauchen wir:
eine Plastikschüssel
zwei Gläser
Wasser

So wird's gemacht:
Wir füllen die Schüssel mit Wasser und legen ein Glas hinein. Es soll sich ganz mit Wasser füllen. Mit einer Hand ziehen wir das Glas dann hoch. Die Öffnung muss immer

unter der Wasseroberfläche bleiben. Das zweite Glas drücken wir nun mit der Öffnung nach unten senkrecht unter das Wasser. So erreichen wir, dass sich das Glas nicht mit Wasser füllt. Wir halten es unter das volle Glas und versuchen, von unten nach oben ein Glas Luft einzuschenken.

Was beobachten wir?
Wenn man sich ein wenig geschickt anstellt, gelingt es, die gesamte Luft aus dem unteren Glas mit dem oberen aufzufangen. Jetzt kann man wechseln.

Was geht hier vor?
Dieses Experiment zeigt sehr schön, dass tatsächlich Luft im Glas ist und nicht etwa „nichts", wie es den Anschein hat. Den meisten Erwachsenen ist diese Vorstellung vertraut. Für Kinder hingegen ist es eine ziemliche Leistung, zu begreifen, dass etwas, was man nicht sehen kann, Raum einnimmt, Druck ausüben kann und sogar ein Gewicht hat.

Unter der Taucherglocke

Wie man tauchen kann und trotzdem trocken bleibt

Das brauchen wir:
eine große Schüssel
eine Teelichthülse
eine Spielfigur oder ein Gummibärchen
ein Trinkglas

So wird's gemacht:
Wir setzen eine Figur in die Teelichthülse und lassen sie in der Schüssel schwimmen. Nun stülpen wir das Glas über das kleine Boot und drücken es nach unten. Dabei müssen wir es ganz gerade halten. Wir drücken das Glas bis zum Grund der Schüssel und ziehen es langsam wieder hoch. Wir kontrollieren, ob Wasser ins Boot gekommen ist.

Was beobachten wir?
Wenn wir das Glas wirklich gerade gehalten haben, müssten die Passagiere den Tauchgang völlig trocken überstanden haben. Selbst wenn ein wenig Wasser ins Glas geflossen ist, passiert nichts, weil das Boot ja auch im Glas schwimmt.

Was geht hier vor?
Viele Kinder überrascht es, dass etwas im Wasser trocken bleiben kann. Mit solchen und ähnlichen Versuchen können sie nach und nach eine Vorstellung davon gewinnen, dass auch Luft Raum einnimmt und sich nicht so ohne weiteres vom Wasser verdrängen lässt.

Kinderwelten 5

Kriegen Bäume auch einen Sonnenbrand?

- **Nein, weil ich das immer sehe, dass Bäume keinen Sonnenbrand kriegen, die würden sonst ganz rot werden.**
- **Nein, weil sie keine Haut haben, sie haben nur Rinde und die hat zu viel Wasser.**
- **Vielleicht kriegen die Blätter Sonnenbrand, weil sie so weich sind.**
- **Ja, die Sonne scheint da drauf.
Dann verwelken immer mehr Blätter,
und plötzlich verbrennen sie.**
- **Nein, denn sie haben durch ihre Blätter Schatten.**

Kinderwelten 6

Wohnen auf dem Mond auch Kinder?

- **Nein, die wohnen zu Hause.**
- **Nein, wie sollen die denn da hochkommen, die können doch nicht auf den Himmel steigen.**
- **Nee, nur die von den Außerirdischen, die Menschenkinder brauchen viel Luft, die können da oben nicht überleben.**
- **Nein, da wird es zu schnell dunkel.**
- **Nein, man hat schon nachgesehen.**

U-Boot-Tauchmanöver

Wie man mit Luft ein Boot auftauchen lässt

Das brauchen wir:

eine große Schüssel
ein Stück Schlauch
einen Trinkbecher
zwei Trinkhalme
ein Gummiband
verschiedene Schrauben oder andere Gewichte

So wird's gemacht:

Wir erweitern das eine Ende des Trinkhalms und schieben einen zweiten Trinkhalm hinein. Dann befestigen wir mit einem Gummiband zwei Schrauben oder andere Gewichte am Rand des Trinkbechers. Wir füllen den Trinkbecher mit Wasser und stellen ihn umgedreht in die Schüssel. Dann führen wir das Ende des Trinkhalms unter den Becher und pusten vorsichtig hinein.

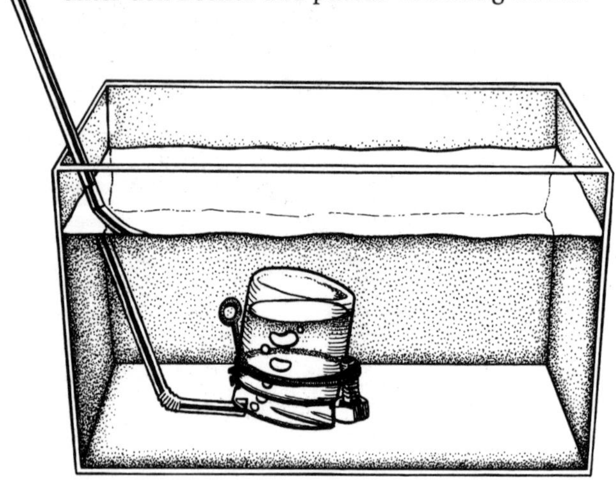

Was beobachten wir?
Wir können sehen, wie sich der Becher mit Luft füllt. Vom Trinkhalmende steigen Blasen auf und der Wasserspiegel im Glas sinkt. Bei einer bestimmten Menge Luft löst sich der Becher vom Grund und steigt nach oben.

Was geht hier vor?
Die Luft verdrängt das Wasser im Becher. Je mehr Luft sich im Becher ansammelt, desto leichter wird er. Schließlich ist der Auftrieb größer als sein Gewicht. Dann tritt er die Reise nach oben an. Die eingeschlossene Luft kann den Becher ohne weiteres tragen. Man kann den Versuch auch ohne Gewichte durchführen. Die meisten Becher kippen dann aber um und steigen nicht nach oben. Das liegt daran, dass bei einem umgedrehten Becher oder Glas das Hauptgewicht oben ist – sobald sich der Becher ein wenig hebt, wird er kopflastig und kippt um, damit die schwere Seite nach unten kommt.

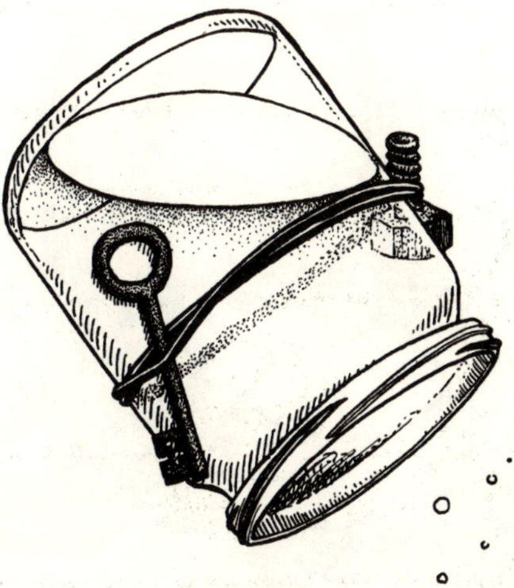

Und noch eine?

Wie viele Münzen in ein volles Glas passen

Das brauchen wir:
ein kleines Glas
Münzen

So wird's gemacht:
Wir füllen ein Glas bis zum Rand mit Wasser. Dann geben wir eine Münze nach der anderen hinein. Wie viele Münzen passen in das Glas, das doch eigentlich schon voll ist, bevor es überläuft?

Was beobachten wir?
Am besten, wir lassen die Kinder vorher schätzen. Ziemlich sicher sind es mehr Münzen, die im Glas noch Platz haben. Warum das so ist, sieht man am besten, wenn man seitlich die Wasseroberfläche beobachtet.

Was geht hier vor?
Wer genau hinsieht, kann entdecken, dass sich über dem Glasrand ein flacher Berg gebildet hat. Das Wasser wölbt sich über dem Glasrand, bis es endlich überläuft. Man sagt, das Wasser hat eine Art Haut. Sobald wir Spülmittel ins Wasser geben, verliert die Haut ihre Eigenschaften, und das Wasser läuft schon bald über. Deshalb ist es wichtig, vor dem Versuch alle Spülmittelreste vom Glas zu entfernen.

Ein Berg aus Wasser

Wie man zeigen kann, dass Wasser eine Haut hat

Das brauchen wir:
einen Trinkhalm
ein Glas Wasser
eine Münze

So wird's gemacht:
Wir saugen mit dem Trinkhalm Wasser an und verschließen dessen oberes Ende mit einem Finger, solange wir den Halm noch im Mund haben. Das Gleiche können wir auch erreichen, wenn wir den Halm in ein sehr hohes Glas eintauchen. Jetzt bleibt das Wasser so lange im Halm, bis wir den Finger ein wenig anheben. Wir versuchen, das Wasser Tropfen für Tropfen auf eine Münze zu geben. Wie viele Wassertropfen passen auf eine Münze?

Was beobachten wir?
Zweierlei gibt es hier zu entdecken. Solange der Finger das Halm-Ende verschließt, kann kein Wasser rauslaufen. Erst wenn Luft nachfließen kann, beginnt es zu tropfen. Außerdem sehen wir, wie sich auf der Münze ein kleiner Berg aus Wasser bildet.

Was geht hier vor?
Dass kein Wasser aus dem Trinkhalm tropft, wenn wir das Ende verschließen, hat weniger mit dem Wasser als vielmehr mit der Luft zu tun, die uns umgibt. Sie drückt auf das offene Ende und lässt das Wasser nicht durch. Diese Erklärung allerdings taugt nicht viel für Kinder. Wichtiger ist es, dass sie herausfinden, wie man kontrolliert Tropfen fallen lassen kann. Wie beim letzten Versuch kann man hier schön die „Wasserhaut“ sehen, die dafür sorgt, dass sich ein Wasserberg auf der Münze anhäuft.

Schwimmtraining für Büroklammern

Wie man Dinge aus Metall zum Schwimmen bringt

Das brauchen wir:
eine Schale mit Wasser
Büroklammern, Nadeln, Reißzwecken, Knöpfe

So wird's gemacht:
Wir füllen eine Schale mit Wasser. Dann klappen wir eine Büroklammer auf, sodass ihre beiden Teile im rechten Winkel zueinander stehen. Sie sieht jetzt aus wie ein Stuhl ohne Beine. Wir legen eine Nadel auf die aufgebogene Büroklammer oder auf eine Gabel und setzen sie vorsichtig auf das Wasser. Wir ziehen den Büroklammer-Stuhl nach unten weg. Wir können das Gleiche mit Reißzwecken, Drahtstückchen und Knöpfen versuchen.

Was beobachten wir?
Wenn man behutsam genug vorgeht, gelingt es, allerlei Gegenstände zum Schwimmen zu bringen: Reißzwecken, Drahtstücke, Haarklammern, Alufolie – alles Dinge, die gewöhnlich zu den Nichtschwimmern zählen.

Was geht hier vor?
Wieder ist es die unsichtbare Haut des Wassers, die für das Kunststück verantwortlich ist. Wenn es nicht klappt, kann das verschiedene Gründe haben. Kinder sind meist zu ungestüm und setzen die Schwimmer nicht vorsichtig und gerade auf. Es klappt besser, wenn die Dinge absolut trocken sind. Also keine nassen Nadeln auflegen. Wenn die Schale direkt aus der Spülmaschine kommt, sind oft noch Reste von Klarspüler wirksam. Die zerstören die Haut. Also noch mal mit fließendem Wasser nachspülen.

Kinderwelten 7

Wie kommen die Gedanken in meinen Kopf?

- **Es gibt kleine Männchen, die gehen durch das Ohr in den Kopf und geben ihre Notizen ein.**
- **Durch die Ohren, die Augen, die Nase ins Gehirn.**
- **Wenn man ein schlechtes Gewissen hat.**
- **Vom Gehirn – wenn man schreibt oder rechnet oder denkt, dann arbeitet das Gehirn und dann kommen die Gedanken.**
- **Die kommen da nicht rein, die sind da schon drin.**

Kinderwelten 8

Woher wissen die Vögel, ob sie im Winter nach Afrika fliegen sollen?

- **Wenn sie mit den Füßen im Schnee stehen, dann merken sie, ob ihnen kalt ist, und dann fliegen sie weg.**
- **Weil es wird immer Winter, und da fliegen sie weg, weil dann hier nichts mehr zu Essen rumfliegt.**
- **Wenn sie sich ein dickes Federpolster machen können, bleiben sie hier, wenn nicht, fliegen sie weg; das sind dann die Zugvögel.**

Wasser fließt bergauf

Wie man ein Aquarium leeren kann

Das brauchen wir:
eine Dose
zwei Gläser
einen Trinkhalm

So wird's gemacht:
Wir füllen ein Glas mit Wasser und stellen es auf die Dose. Wir knicken den Trinkhalm so weit wie möglich zusammen. Das geht am besten, wenn wir ihn zuvor ganz lang ziehen. Wir hängen das kurze Ende in das obere Glas, das andere Glas stellen wir unter das lange Ende.

Was beobachten wir?

Wenn man darauf achtet, dass das kurze Ende immer schön im Wasser hängt, leert sich das obere ins untere Glas. Sobald aber Luft angesaugt wird, ist der Zauber vorbei.

Was geht hier vor?

Auch bei diesem Versuch ist das Gewusst-warum nicht so wichtig wie das Gewusst-wie. Folgende Bedingungen müssen erfüllt sein:

Das zweite Glas muss deutlich tiefer stehen als das obere.

Das Stück Halm, in dem das Wasser abfließt, muss deutlich länger sein als das Stück, in dem es angesaugt wird.

Das Ganze ist als Heberprinzip bekannt und ist hilfreich, wenn man zum Beispiel ein Aquarium leeren möchte.

Steter Tropfen

Wie man Tropfen für Tropfen ein Glas leert

Das brauchen wir:
ein Schwammtuch
Wassergläser
Tinte
Trinkhalme

So wird's gemacht:
Wir schneiden von einem Schwammtuch einen schmalen Streifen ab. Nachdem wir ihn einmal gut durchgefeuchtet haben, hängen wir ein Ende in ein Tintenfass oder Schnapsglas mit gefärbtem Wasser. Unter das andere Ende stellen wir ein Glas mit klarem Wasser. Das geht nur, wenn das kleine Glas auf einem Sockel steht – so wie auf dem Bild. Stabiler wird unser Tropfenspender, wenn wir den

Schwammtuch-Streifen durch ein Stück Trinkhalm mit Knick ziehen, wie es auf der Zeichnung zu sehen ist. Jetzt brauchen wir nur ein klein wenig Geduld.

Was beobachten wir?
Nach ein paar Minuten können wir sehen, wie das gefärbte Wasser aus dem oberen Glas gesaugt wird und in das untere Glas tropft.

Was geht hier vor?
In diesem einfachen Versuch begegnen uns gleich drei bedeutsame Naturerscheinungen. Das Heberprinzip, der Kapillareffekt und die Wirbelbildung. Das Heberprinzip nutzen wir zum Beispiel, um ein Aquarium zu leeren. Wir hängen einen Schlauch über den Rand und saugen kurz an der Austrittsöffnung. Dem Kapillareffekt haben wir zu verdanken, dass Wischtücher und Schwämme die zweckmäßige Fähigkeit besitzen, Flüssigkeiten aufzusaugen. Die Wirbelbildung können wir beobachten, wenn wir Milch in unseren Kaffe geben. Wirbel treten überall auf, wo eine Flüssigkeit oder ein Gas in Bewegung gerät.

Gibt es eckige Seifenblasen?

Was man mit Seifenlauge alles machen kann.

Das brauchen wir:

einen Eimer
Gartendraht aus dem Baumarkt, zwei Millimeter stark
dünne Bambusstäbe
einen Liter warmes Wasser
100 Gramm Neutralseife
2,5 Gramm Tapetenkleister
50 Gramm Zucker

So wird's gemacht:

Den Tapetenkleister in 100 Milliliter Wasser verrühren, bis keine Klümpchen mehr zu sehen sind. Den Zucker und die Neutralseife in den restlichen 900 Millilitern Wasser auflösen. Beide Lösungen zusammengeben und gut verrühren.

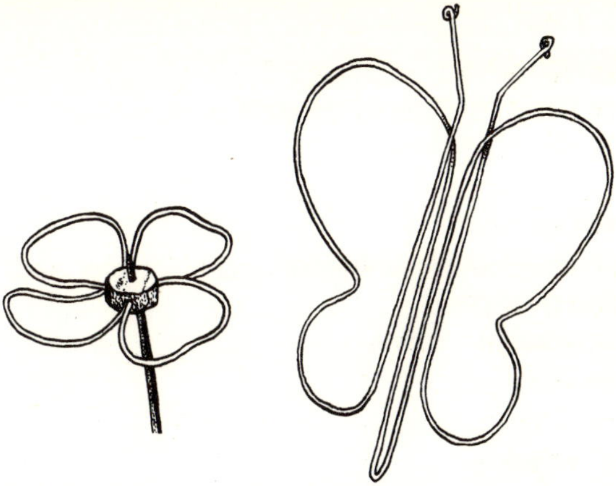

Einen Tag ruhen lassen. Aus Gartendraht biegen wir verschiedene Figuren. Sie müssen eine geschlossene Form haben. Die freien Enden stecken wir in die Bambusstäbe.

Was beobachten wir?
Gewöhnlich freuen wir uns an den mehr oder weniger runden Seifenblasen, die beim Pusten entstehen. Genauso spannend ist es aber, zu beobachten, wie sich die Seifenblasenhaut in einer oder mehreren Drahtschlaufen spannt. Aber: Was auch immer wir unternehmen, es wird uns nicht gelingen, eckige Seifenblasen zu erzeugen.

Was geht hier vor?
Seifenhäute sind sehr sparsam. Sie finden immer die kleinste Fläche, die sich in einer geschlossenen Form bilden kann. Das Ergebnis ist mitunter sehr überraschend. Bei einem Drahtwürfel etwa sind es keineswegs die Außenflächen, wie man vermutet, sondern es entsteht ein kompliziertes Gebilde mit einem würfelförmigen Zentrum.

Flaschentaucher

Wie man Trinkhalmstücke im Wasser auf- und absteigen lässt

Das brauchen wir:
eine durchsichtige Plastikflasche
eine Möhrenscheibe
einen Trinkhalm
Reißzwecken

So wird's gemacht:
Wir schneiden von einem Trinkhalm ein etwa drei Zentimeter langes Stück ab. Wir drücken es in eine Möhrenscheibe, sodass es auf einer Seite gut verschlossen ist (Pusteprobe). Wir drücken zwei Reißzwecken in die offene Seite, füllen Wasser in die Flasche und lassen den Taucher hineingleiten. Wir verschließen die Flasche und drücken auf den Flaschenbauch.

Was beobachten wir?

Wenn alles seine Richtigkeit hat, müsste sich der Taucher sogleich auf den Weg nach unten machen. Lassen wir mit dem Druck nach, steigt er wieder auf. Mit etwas Übung können wir ihn richtig tanzen lassen.

Was geht hier vor?

Das historische Vorbild für unseren Taucher ist ein gläserner Flaschenteufel, eine mundgeblasene, hohle Glasfigur mit einer kleinen Öffnung am Schwanzende. Wird Druck auf die Flasche ausgeübt, dringt etwas Wasser durch die Öffnung in die Figur ein. Sie wird schwerer und sinkt. Lässt der Druck nach, kann man deutlich sehen, dass sich die Luftblase vergrößert. Folglich wird Wasser aus der Öffnung gedrückt. Jetzt ist die Figur wieder leichter und steigt nach oben. Das ist das ganze Geheimnis.

3 In Garage und Werkstatt

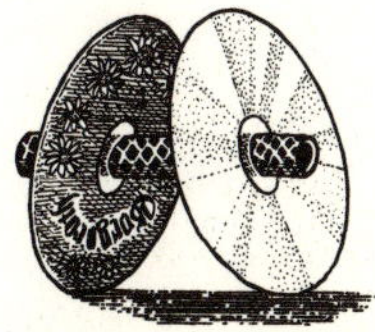

Die lahme Büchse

Wie man ein Dosen-Wettschleichen veranstaltet

Das brauchen wir:
eine Büchse mit Deckel
Erbsen, Sand, Steine
ein Brett (mindestens ein Meter lang)
Gummibänder

So wird's gemacht:
Wir bauen mit dem Brett eine abschüssige Rennstrecke. Das heißt: Wir legen unter ein Ende des Brettes eine Schachtel, Bücher oder einen Ziegelstein. Die Dose füllen wir halbvoll mit Erbsen, Sand oder Steinen. Dann lassen wir die Dose die Rennstrecke runterkullern. Wenn die Dose rutscht, spannen wir zwei Gummibänder um sie herum – wie Gummireifen um eine Felge. Alternativ: Wir füllen nur ein paar Erbsen in die Dose. Oder: Wir füllen die Dose fast ganz mit Erbsen.

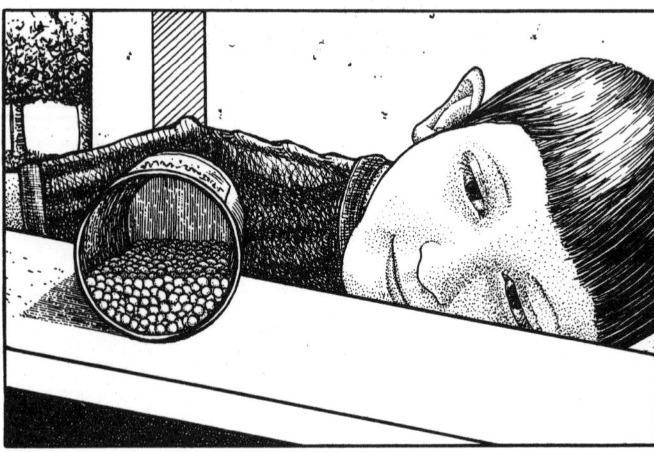

Was beobachten wir?
Wahrscheinlich rollt die halbvolle Dose gar nicht, sondern bleibt liegen. Wenn sie dagegen fast leer oder fast voll ist, macht sie sich auf den Weg.

Was geht hier vor?
Die Dose rollt am besten, wenn sich ihr Schwerpunkt in der Mitte befindet. Das ist dann der Fall, wenn sie ganz leer oder ganz voll ist. Die halbgefüllte Dose kommt nicht vom Fleck, weil die Erbsen nicht mitrollen. Jetzt kann man ein umgekehrtes Wettrennen ausrichten. Wie muss die Dose gefüllt sein, dass sie möglichst langsam rollt?

Die Komm-zurück-Dose

Wie man eine Dose mit Jo-Jo-Effekt baut

Das brauchen wir:
eine Dose
ein Gummiband
ein Gewicht (Batterie)
Klebestreifen

So wird's gemacht:
Wir bohren in den Deckel und in den Boden der Dose ein Loch. Mit einem Klebestreifen befestigen wir ein Gewicht (Batterie) an einem kräftigen Gummiband. Wir fädeln die Enden des Gummibands durch die Löcher in Boden und Deckel der Dose, verknoten sie, damit sie nicht in die Dose rutschen können, und fixieren sie mit einem Zahnstocher. Das Gewicht muss locker hängen, darf aber nicht an der Dosenwand aufliegen.

Was beobachten wir?
Wir rollen die Dose ein, zwei Meter in eine Richtung und lassen sie los. Die Dose kommt wie ein Jo-Jo zurück.

Was geht hier vor?
Durch die Bewegung in eine Richtung wird das Gummiband verdreht und gespannt. Es wird wie die Feder in einem Spielzeugauto aufgezogen. Sobald wir loslassen, will sich das Gummi entspannen und setzt die Dose in Bewegung.

Zweirad mit Schlauch

Wie man aus drei Dingen ein flinkes Fahrzeug baut

Das brauchen wir:
zwei CDs
einen Gartenschlauch (16 Millimeter Durchmesser)
eine kräftige Schere

So wird's gemacht:
Wir verbinden zwei CDs mit einem Stück Gartenschlauch. Nun haben wir eine Achse mit zwei Rädern. Wir geben Anschub. Dann verändern wird den Winkel der Räder, sodass die CDs nicht parallel stehen. Oder wir verändern den Abstand zwischen den Rädern.

Was beobachten wir?
Das Zweirad-Auto rollt sehr weit mit wenig Anschub und läuft auch stabil, wenn die Räder nicht rechtwinklig zur Achse stehen.

Was geht hier vor?
CDs sind ideale Räder, weil sie sehr präzise gearbeitet sind. Das Loch ist exakt in der Mitte und man muss sie nicht auswuchten, damit sie gleichmäßig rollen.

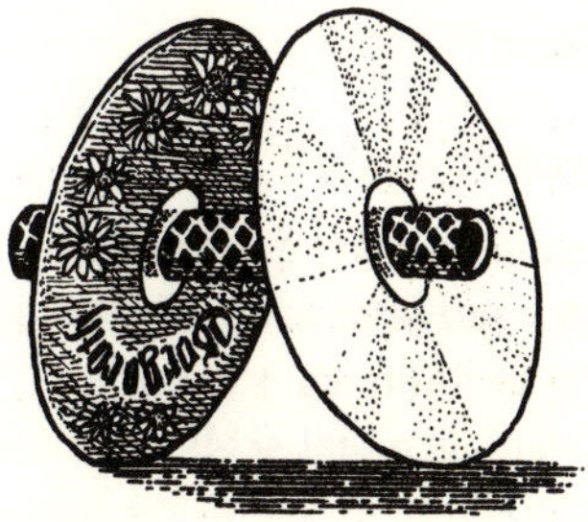

Kinderwelten 9

Warum wird es dunkel?

- **Damit man merkt, dass es Abend wird.**
- **Weil der Tag ja so lang ist, hat die Sonne irgendwie keine Lust mehr.**
- **Weil man auch mal schlafen muss, sonst hat man morgens schlechte Laune.**
- **Weil der Mond die Sonne verdeckt.**
- **Weil die Erde sich um die Sonne dreht und um den Mond. Dann kommt sie einmal bei der Sonne und einmal beim Mond an. Wenn die Erde beim Mond ist, wird es dunkel.**
- **Weil sonst die Sterne und der Mond nicht auftauchen können.**
- **Weil die Sonne das Licht ausmacht.**
- **Blöde Frage, weil der Tag vorbei ist, und im Hellen kann man nicht einschlafen.**

Kinderwelten 10

Warum müssen alle Menschen sterben?

- **Sonst wird die Welt immer voller und immer voller, und dann hat kein Mensch mehr auf der Welt Platz, und dann?**
- **Weil sie zu alt werden und zu viel Tabletten und Medizin nehmen, wie mein Opa.**
- **Weil die alt werden und eine Krankheit bekommen. Dann werden sie eingegraben und dann kann man traurig werden ...**
- **Weil sie dafür geschaffen sind.**
- **Weil ihre Zeit hört auf.**
- **Weil neue Menschen auf die Welt müssen.**
- **Weil Gott will, dass der Geist zum Himmel kommt.**
- **Weil ihr Leben zu Ende ist.**

Die rücksichtsvolle Büchse
Wie man eine Mutprobe besteht

Das brauchen wir:
eine leere 1-Kilogramm-Kaffeebüchse
Sand
eine feste Schnur
(anstelle einer Büchse mit Sand kann man auch einen Backstein oder einen großen Gewichtsstein verwenden)

So wird's gemacht:
Wir füllen die Kaffee-Blechbüchse mit Sand und hängen sie an eine kräftige Schnur an der Zimmerdecke oder an einen stabilen Haken im Türrahmen. Dann lassen wir die Büchse hin- und herpendeln. Ein Freund steht an der Wand des Zimmers. Er hält die Dose direkt vor seine Nase und lasst sie dann los. Traut er sich, an seinem Platz zu bleiben, nachdem er die Dose losgelassen hat?

Was beobachten wir?
Die Dose schwingt vor und wieder zurück. Aber sie schwingt nicht bis zu seiner Nase.

Was geht hier vor?
Die Pendelbüchse kann nie so weit zurückschwingen, dass sie die Nase trifft. Beim Pendeln der Büchse geht durch den Luftwiderstand immer etwas Energie verloren. Wird die Büchse allerdings angestoßen und nicht einfach losgelassen, wird sie mit mehr Schwung zurückkommen und kann die Nase treffen.

Auto mit Gummibandmotor

Wie man mit wenig Aufwand ein Aufziehauto baut

Das brauchen wir:
zwei CDs oder Bierdeckel
ein kräftiges Gummiband
drei Unterlegscheiben
eine Papprolle
Streichholz
einen Holzspieß

So wird's gemacht:
Wir durchbohren die beiden Bierdeckel in der Mitte und legen sie vor die Öffnungen der Papprolle. Wir fädeln das Gummiband durch beide Öffnungen und fixieren ein Ende am Bierdeckel. Das andere Ende ziehen wir durch die Unterlegscheiben (Muttern) und schieben den Spieß durch die Öse.

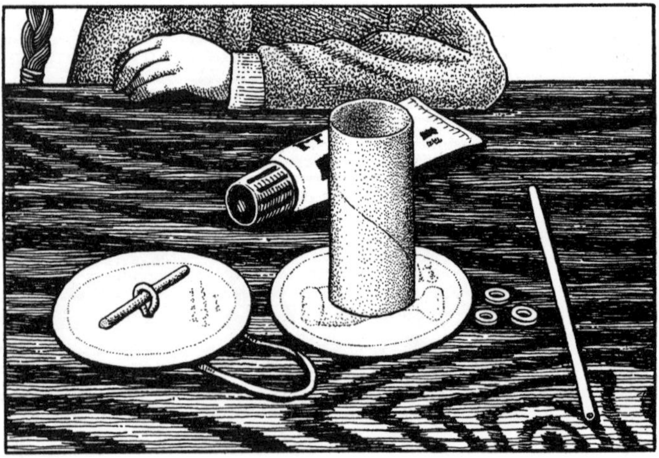

Was beobachten wir?
Wir ziehen das Auto auf, indem wir den Holzspieß etwa 30 Mal um die eigene Achse drehen. Dann setzen wir es auf den Boden und lassen es fahren. Das Auto sollte mindestens fünf Meter weit rollen.

Was geht hier vor?
Beim Aufdrehen wird das Gummiband verzwirbelt und gespannt. Jetzt hat es das Bestreben, sich wieder zu entspannen. Das geht nur, wenn sich der Spieß in die entgegengesetzte Richtung dreht. Wichtig: Zwischen die Unterlegscheiben kommt ein Tropfen Öl (kann ruhig Salatöl sein).

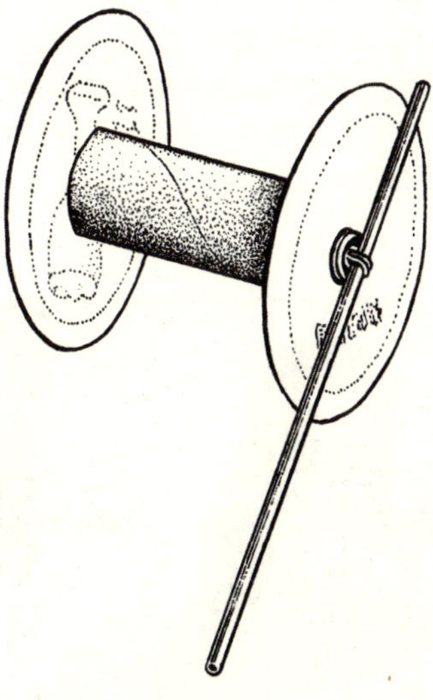

Wasserwaage Marke Eigenbau

Wie eine Luftblase zum Messinstrument wird

Das brauchen wir:
eine durchsichtige Plastikflasche mit dichtem Verschluss
einen wasserfesten Stift
Wasser

So wird's gemacht:
Wir füllen die Flasche fast voll und schrauben den Deckel auf. Es sollte nur noch eine kleine Luftblase sichtbar sein. Wir legen die Flasche auf eine flache, waagerechte Oberfläche, zum Beispiel auf einen Tisch. Wenn die Luftblase sich nicht mehr bewegt, ziehen wir auf beiden Seiten der Blase einen Strich. Nun können wir die Waage auf alle möglichen Gegenstände legen, zum Beispiel auf eine Heizung oder das Treppengeländer. Wir beobachten dabei die Luftblase. Statt einer Flasche kann man auch ein Stück durchsichtigen Schlauch nehmen.

Was beobachten wir?
Nur auf völlig waagerechten Oberflächen bleibt die Blase in der Mitte. Ansonsten bewegt sie sich immer zu der höheren Seite des Untergrunds.

Was geht hier vor?
Weil Luft leichter ist als Wasser, hat sie immer das Bestreben, nach oben zu steigen. Wenn die Flasche zum Beispiel auf einem Treppengeländer liegt, wird die Blase immer zu dem Ende der Flasche wandern, das nach oben zeigt.

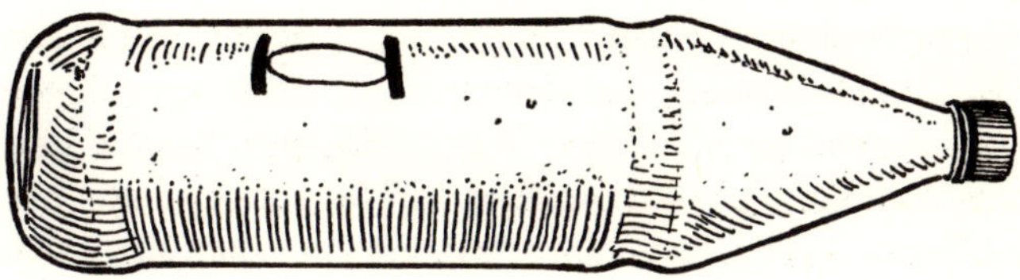

Katapult mit Wäscheklammer

Wie man eine einstellbare Wurfmaschine baut

Das brauchen wir:
zwei Holzbrettchen
eine Wäscheklammer
einen Mundspatel (Apotheke)
den Schraubverschluss einer Flasche
einen Korken
eine Schüssel als Ziel
Kichererbsen oder ähnliche Geschosse

So wird's gemacht:
Wir verbinden zwei gleich breite Holzbrettchen mit Klebeband so miteinander, dass sich ein Teil hochklappen lässt. Oben drauf kleben wir eine Wäscheklammer, wie auf dem Bild. Auf die Klammer kommen dann ein Mundspatel und der Schraubverschluss einer Flasche. Zwischen den Strei-

fen befestigen wir einen Korken mit einem Gummiband. Das Katapult mit einer Kichererbse bestücken und den Spatel herunterdrücken.

Was beobachten wir?
Je nach Position des Korkens verändert sich die Flugbahn. Wer trifft in den aufgestellten Eimer?

Was geht hier vor?
Wenn wir den Korken zur offenen Seite hinschieben, wird die Flugbahn steiler. Ist der Korken weit vorn, ist die Flugbahn sehr flach. Ohne Korken fliegen die Geschosse fast senkrecht nach oben. Der optimale Abschusswinkel beträgt 45 Grad.

Kinderwelten 11

Dürfen Löwen Menschen essen?

- **Nein, sie mögen zwar welche, aber sie dürfen das nicht, weil die Menschen dann nicht mehr da sind.**
- **Nein, Menschen sind unessbar.**
- **Ja, sie sind gefährliche Tiere, die haben immer Hunger, nur wenn sie satt sind nicht.**
- **Nein, bloß nicht, das sind ja auch nur Menschen und kein Löwenfutter.**
- **Wenn Löwen Menschen essen würden, würden sie sich den Magen verderben.**
- **In der Wüste kann das schon mal passieren.**
- **Wenn wir ihnen schmecken.**
- **Nein, das ist gefährlich und tut weh.**

Kinderwelten 12

Wie kommt Omas Stimme ins Telefon?

- **Das weiß ich nicht. Wenn Oma anruft, kann sie mich sehen. Vielleicht sitzt sie ja im Hörer drin.**
- **Oma redet durch die Löcher und das Kabel vom Telefon.**
- **Oma ist bei sich zu Hause. Sie spricht in den Hörer rein, und das wird mit dem Strom durch die Leitung geschoben.**

Der träge Taler

Wie man zwei Münzen überlistet

Das brauchen wir:

ein schweres Wasserglas
einen Streifen Zeitungspapier, etwa 20 Zentimeter lang
zwei 1-Euro-Stücke
ein Lineal

So wird's gemacht:

Wir legen ein Ende des Papierstreifens über den Rand des Glases. Wir legen die beiden Münzen auf das Papier auf dem Glasrand. Die Münzen auf dem Rand ausbalancieren, sie dürfen nicht durch den Papierstreifen gestützt werden. Wir heben das Ende des Papierstreifens waagrecht in die Höhe und schlagen mit dem Lineal ungefähr zwei Fingerbreit vom Rand des Glases entfernt auf den Papierstreifen. Dabei kommt es nur auf Schnelligkeit an.

Was beobachten wir?
Wenn alles gut geht, bleiben die Münzen auf dem Glasrand liegen. Andernfalls müssen wir noch ein wenig üben.

Was geht hier vor?
Die Kraft, die hier wirksam ist, nennen die Physiker Trägheit. Wie schon ihr Name sagt, macht sie die Münzen träge, und sie können der schnellen Bewegung des Papierstreifens nicht folgen. Sie bleiben auf der Stelle liegen. Wenn man den Streifen langsam wegzieht, halten die Reibungskräfte sie fest und sie stürzen hinunter, sobald sie über dem Glasrand ihr Gleichgewicht verloren haben.

Ab in die Mitte

Wie man einen Stab auf einem Finger balanciert

Das brauchen wir:
einen Besen oder einen langen Stab
einen Zollstock

So wird's gemacht:
Wer kann einen Besen auf einem Finger balancieren? Wir legen den Besen auf unsere ausgestreckten Zeigefinger, wobei wir die Hände etwa einen Meter weit auseinanderhalten. Nun bewegen wir unsere Finger langsam aufeinander zu.

Was beobachten wir?
Die Finger treffen sich im Schwerpunkt des Stabes. Das ist genau der Punkt, auf dem der Besenstil aufliegen muss, um in der Balance zu bleiben.

Was geht hier vor?
Es wirkt wie Zauberei und funktioniert immer. Wenn wir unsere Finger aufeinander zu bewegen, rutscht der Stab leichter über den Finger, auf dem weniger Gewicht aufliegt. Dadurch wird diese Seite aber länger und schwerer. Der Finger muss mehr Gewicht tragen, was dazu führt, dass jetzt auf der anderen Seite weniger Reibung ist und der Finger dort leichter gleiten kann, bis sich die Verhältnisse wieder umkehren. So erklärt sich die ruckelige Annäherung an die Mitte. Besonders eindruckvoll ist das Spiel mit einem Zollstock, wenn man ihn mal mehr, mal weniger einklappt.

Alles dreht sich

Wie sich Farben und Muster beim Kreiseln verändern

Das brauchen wir:
eine CD
ein Stück Gartenschlauch (vier Zentimeter lang)
eine Holzperle (zwölf Millimeter Durchmesser)
Papier und Stifte

So wird's gemacht:
Mit einer kräftigen Schere schneiden wir vom Gartenschlauch ein etwa vier Zentimeter langes Stück ab. Wir stecken es in das Loch der CD, sodass es etwa 0,5 Zentimeter herausschaut. Jetzt kommt noch die Perle hinein. Fertig ist der Kreisel. Was passiert, wenn wir eine bemalte Pappscheibe auf den Kreisel legen?

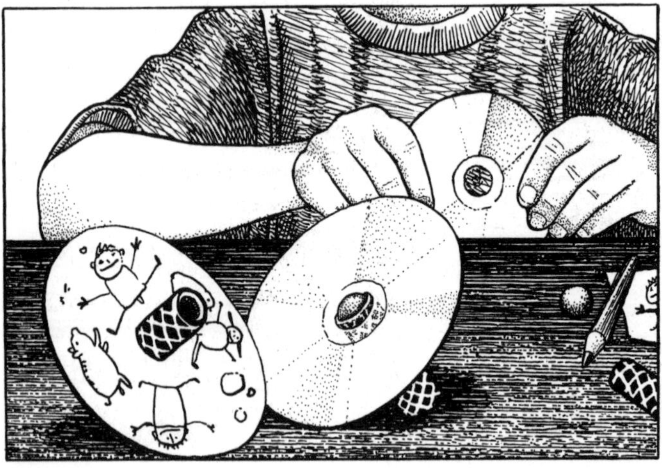

Was beobachten wir?
Je nach Farben und Mustern ergeben sich neue Bilder und Farbmischungen.

Was geht hier vor?
Das Auge kann die schnellen Bewegungen der Muster nicht verfolgen. Striche, die zur Mitte führen, verwischen vollständig. Konzentrische Kreise hingegen sind weiter gut zu erkennen.

Die magische Schachtel

Wie man seine Freunde verblüfft und die Schwerkraft überlistet

Das brauchen wir:
eine Pappschachtel (Schuhkarton)
ein Gewicht (Stein, Eisenplatte)

So wird's gemacht:
Wir befestigen in einer Ecke des Kartons möglichst weit am Rand ein Gewicht. Jetzt stellen wir die Schachtel auf die Tischkante, und zwar so, dass sie möglichst weit übersteht.

Was beobachten wir?
Die Schachtel fällt nicht herunter, obwohl sich höchstens ein Drittel von ihr auf dem Tisch befindet.

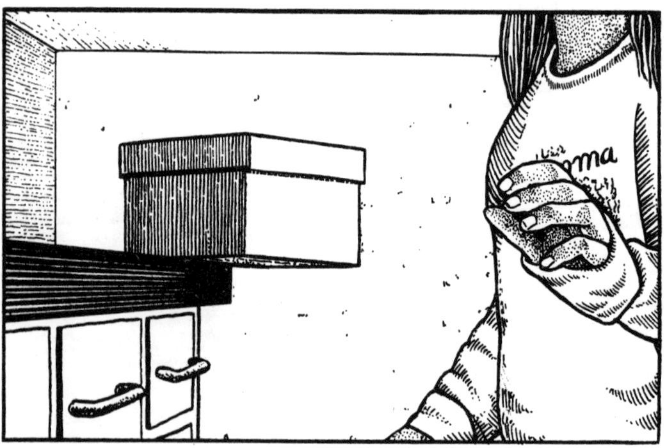

Was geht hier vor?
Durch das verborgene Gewicht hat sich der Schwerpunkt der Schachtel verschoben. Er ist jetzt an den Rand gerutscht. Solange sich der Schwerpunkt auf dem Tisch befindet, kann die Schachtel nicht herunterfallen.

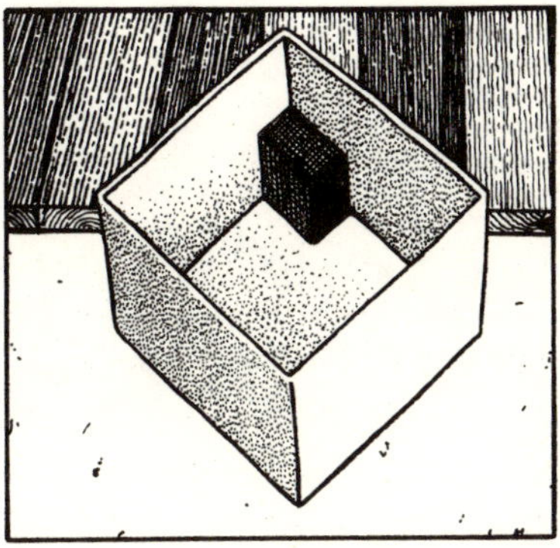

4 Ums Haus herum

Eiswürfel im Treibhaus

Wie man Sonnenwärme einfängt

Das brauchen wir:
Eiswürfel
Untertassen
Glas
einen sonnigen Tag

So wird's gemacht:
Wir nehmen zwei Eiswürfel aus dem Kühlfach und legen jeden auf eine Untertasse. Über den einen Eiswürfel stülpen wir ein Glas. Beide Teller stellen wir dann in die Sonne. Alle fünf Minuten schauen wir nach, wie weit die Eiswürfel geschmolzen sind.

Was beobachten wir?
Schon bald zeigt sich, dass der Eiswürfel unter dem Glas schneller schmilzt als der, der offen daliegt.

Was geht hier vor?
Man hätte genauso erwarten können, dass sich der vom Glas geschützte Eiswürfel länger hält. Das Glas aber wirkt wie ein Treibhaus. Es lässt Licht und Wärme fast ungehindert hinein. Nicht alle Wärme aber kann wieder entweichen. So wärmt sich die Luft im Glas auf und lässt das Eis schneller schmelzen.

Mini-Gewächshaus

Wie man sich ein wartungsfreies Gewächshaus einrichtet

Das brauchen wir:
ein größeres Glas (Gurkenglas)
Holzkohle
Saaterde
Saatgut
Klarsichtfolie
ein Gummiband

So wird's gemacht:
Auf dem Boden des Glases wird etwas Holzkohle verteilt. Die Kohle verhindert, dass sich Schimmelpilze bilden. Darüber kommt so viel Gartenerde, dass das Glas etwa zu einem Drittel gefüllt ist. Nun streuen wir das Saatgut ein. Zum Beispiel vierblättrigen Klee. Die Erde wird gut angefeuchtet, darf aber nicht zu nass sein. Dann verschließen wir das Glas mit der Klarsichtfolie und dem Gummiband und stellen es an einen hellen, jedoch nicht sonnigen Platz.

Was beobachten wir?
Nach einigen Tagen beginnen die Kleesamen zu keimen und auszutreiben. Zum Glück haben wir eine Pflanze gewählt, die nicht zu schnell wächst. Sonst wäre das Glas bald voll.

Was geht hier vor?

Der kleine Wasserkreislauf hat begonnen: Die Pflanze nimmt Wasser aus der Erde auf und atmet es über die Blätter wieder aus. Wir können das nicht sehen, weil das Wasser in der Luft als unsichtbarer Wasserdampf verteilt ist. Wenn sich diese feuchte Luft am kalten Glas abkühlt, beschlägt es, wie der Spiegel im Bad. Dann sieht man die winzigen Tropfen. Das Mini-Treibhaus muss nie gewässert werden. Das vorhandene Wasser kann ja nicht entweichen. Auch die Nährstoffe in der Gartenerde halten lange, sodass unser Mini-Treibhaus praktisch kaum Pflege braucht.

Entsalzen mit Sonnenkraft

Wie man aus Salzwasser Trinkwasser machen kann

Das brauchen wir:
eine Plastikschüssel
ein Glas
einen kleinen Stein
Salzwasser
Klarsichtfolie
Sonne

So wird's gemacht:
Wir füllen die Plastikschüssel zur Hälfte mit Salzwasser. In die Mitte der Schüssel stellen wir das Glas. Nun decken wir die Plastikschüssel mit Klarsichtfolie ab und legen den Stein direkt über dem Glas auf die Klarsichtfolie. Dann stellen wir die Schüssel ins Sonnenlicht. Wir warten einige Zeit ab und sehen dann nach, was mit dem Salzwasser geschehen ist.

Was beobachten wir?
Schon bald bemerken wir, wie die Folie beschlägt und sich kleine Tropfen bilden. Die Tropfen vereinigen sich, rutschen zur Mitte und fallen schließlich in das Glas.

Was geht hier vor?
Es funktioniert tatsächlich. Wenn wir mit dem Finger beide Flüssigkeiten testen, merken wir deutlich den Unterschied zwischen dem Salzwasser in der Schüssel und dem Wasser im Glas. Die Sonne lässt das Wasser verdunsten. Dabei bleibt das Salz zurück, sodass sich im Glas nur Süßwasser sammeln kann. Der Begriff Süßwasser ist für Kinder allerdings irreführend. Das Wasser schmeckt ja nicht wirklich süß. Nur in der Fachsprache wird alles salzfreie Wasser Süßwasser genannt. Man muss allerdings schon recht viel Geduld und Sonne haben, wenn man auf diese Weise größere Mengen Trinkwasser produzieren will.

Kinderwelten 13

Wo ist der Wind, wenn er nicht weht?

- **Der Wind ist in den Wolken. Dort wohnen alle Himmelswesen, und die pusten auf die Erde herunter.**
- **Der ist bei sich zu Hause, oben im Himmel. Wie soll er sonst auf die Erde herunterblasen?**
- **Genau, der ist in den Wolken und wartet, bis er wieder dran ist.**
- **Ich glaube, das ist so: Wenn sich die Luft ganz schnell bewegt, dann gibt es viel Wind.**

Kinderwelten 14

Tut es der Blume weh, wenn man ihr ein Blatt abreißt?

- **Nein, die Blume ist doch kein Mensch, die bekommt immer wieder neue Blätter.**
- **Aber die Blume lebt ja auch, wenn sie noch nicht vertrocknet ist.**
- **Das Blatt ist für die Blume so etwas wie ein Finger oder ein Haar, und es ziept, wenn man es ausreißt.**
- **Aber manchmal schneidet der Gärtner Blätter und Zweige weg, damit die Pflanze besser wachsen kann.**

Mini-Kläranlage

Wie man Wasser wieder sauber kriegt

Das brauchen wir:
einen großen Plastikbecher
verschiedene Sorten Sand, Kies und Erde
einen Plastikdeckel
ein größeres Gefäß (Einmachglas)

So wird's gemacht:
Wir bohren in den Boden des Plastikbechers ein paar Löcher und füllen ihn schichtweise mit Sand, Kies und Erde. Wir stellen ihn so auf, dass das Wasser unten heraustropfen kann und aufgefangen wird. Jetzt geben wir etwas von dem Schmutzwasser in die Anlage.

Was beobachten wir?
Das Wasser, das unten heraustropft, ist deutlich klarer als die Dreckbrühe, die wir oben hineinschütten. Die Wirkung ist noch besser, wenn wir unsere Kläranlage zunächst gründlich mit klarem Wasser durchspülen.

Was geht hier vor?
Sand, Kies und Erde können die meisten Schmutzteilchen zurückhalten und so das Wasser reinigen. Am besten probiert man immer nur eine Schmutzwassersorte auf einmal. So sieht man, wann die Kläranlage etwas bewirkt und wo sie nichts ausrichten kann. Am besten wird Wasser gereinigt, das mit Staub und anderen Partikeln verunreinigt ist. Gelöste Stoffe wie Salz oder Tinte lassen sich nicht herausfiltern.

Feuchtigkeits-Anzeiger

Wie sich Wasser in der Luft bemerkbar macht

Das brauchen wir:
einen größeren Kiefernzapfen
ein kleines Brett (etwa 20 x 10 Zentimeter)
eine Nadel
einen Trinkhalm
Klebstoff
Pappe
einen Stift

So wird's gemacht:
Wir stellen einen trockenen Kiefernzapfen in ein Glas Wasser und beobachten, was passiert. Feuchtigkeitsmesser: Wir stechen eine Nadel in eine der Schuppen des Kiefernzapfens und stecken einen Trinkhalm darüber. Den Zapfen befestigen wir auf einem Brettchen. Senkrecht am Brett-

chen befestigen wir eine Skala. Wir stellen den Feuchtigkeitsmesser draußen an einem Ort auf, wo er nicht nass werden kann.

Was beobachten wir?
Der trockene Zapfen schließt seine Schuppen, sobald er im Wasser steht.

Je nachdem, wie feucht der Zapfen oder die umgebende Luft ist, schließen und öffnen sich die Schuppen und bewegen den Zeiger auf der Skala auf und ab.

Was geht hier vor?
Sobald sich Regen ankündigt, schließen Tannen, Fichten und Kiefern ihre Zapfen, damit die Samen zwischen den Schuppen trocken bleiben. Das ist ein sehr sinnvoller Mechanismus, denn nur trockene Samen können vom Wind in alle Richtungen getragen werden. Eine hohe Luftfeuchtigkeit ist zwar kein sicheres Anzeichen dafür, dass es bald regnen wird. Aber in der Regel ist die Wahrscheinlichkeit für Regenwetter bei feuchter Luft ziemlich hoch.

Sonnenuntergang im Milchglas

Wie die rötliche Himmelsfärbung zustande kommt

Das brauchen wir:
ein Trinkglas
Milch
eine Taschenlampe

So wird's gemacht:
Wir füllen ein sauberes Glas mit kaltem Wasser und geben einen Teelöffel Milch hinzu. Im Dunkeln richten wir den Strahl einer Taschenlampe von der Seite oder von oben auf das Glas. Welche Farbe hat die Flüssigkeit? Verändert sich die Farbe, wenn wir jetzt die Taschenlampe hinter das Glas halten, so dass sie uns anstrahlt?

Was beobachten wir?
Der Effekt ist nicht dramatisch, aber unübersehbar. Von der Seite oder von oben beleuchtet, erscheint die verdünnte Milch bläulich. Im Gegenlicht, also von hinten angestrahlt, erscheint sie leicht rosafarben.

Was geht hier vor?
Die Physik hinter diesem Versuch ist höchst kompliziert. Es handelt sich um das gleiche Phänomen, das den Abendhimmel orange und rot färbt. Die Milchpartikel filtern bestimmte Farben aus dem Lichtstrahl der Taschenlampe. Von der Seite sehen wir insbesondere die blauen Anteile. Schauen wir in Richtung der Lichtquelle, nehmen wir vor allem die roten wahr. Ähnlich ist es, wenn die Sonne hoch am Himmel steht, dann ist der Himmel blau. Steht sie tief am Himmel, werden die blauen Anteile abgelenkt und die roten Strahlen dringen bevorzugt zu uns durch.

Kinderwelten 15

Können Katzen lachen?

- **Ja, klar. Die lachen, wenn ein Mensch etwas Witziges macht.**
- **Die können nicht richtig lachen, weil sie keine Stimme haben wie wir. Nur ein bisschen grinsen. Die verziehen nur das Gesicht.**
- **Doch, die können lachen, aber in ihrer Sprache.**
- **Bei unserer Katze weiß ich genau, wenn sie sich freut. Wenn sie etwas essen will, leckt sie sich das Maul, und wenn sie etwas nicht mag, dann faucht sie.**

Kinderwelten 16

Wer malt den Regenbogen an den Himmel?

- **Den Regenbogen malen die Regenbogenkinder. Die wohnen im Himmel.**
- **Ein Regenbogen kommt, wenn es regnet und gleichzeitig die Sonne scheint.**
- **Ich glaube, Gott malt den Regenbogen mit seinen Händen.**
- **Meine Mutter hat mir gezeigt, wie man einen kleinen Regenbogen selber machen kann. Man nimmt einen Gartenschlauch, mit dem man ganz fein sprühen kann. Wenn man mit dem Rücken zur Sonne steht und dann auf den Sprühnebel guckt, sieht man einen Regenbogen.**

Der heißeste Punkt

Wie man mit einer Lupe schreiben kann

Das brauchen wir:
eine Lupe (Vergrößerungsglas, Linse)
einen wolkenfreien Himmel
Holzbrettchen, Pappe
eine ruhige Hand

So wird's gemacht:
Wir halten die Lupe so, dass die Sonne durchscheinen kann und ihr Licht auf ein Brett fällt. Jetzt müsste ein heller Fleck zu sehen sein. Wenn wir die Lupe auf- und abbewegen, wird der Fleck größer oder kleiner. So finden wir heraus, wie wir die Lupe halten müssen, damit sich das Sonnenlicht in einem möglichst kleinen Punkt sammelt.

Was beobachten wir?
Wenn wir den Brennpunkt der Lupe längere Zeit auf die gleiche Stelle des Brettchens richten, beginnt es dort zu qualmen. Rauch steigt auf und das Brettchen verkokelt. Mit etwas Geschick können wir auf diese Weise sogar zeichnen und schreiben.

Was geht hier vor?
Das Vergrößerungsglas sammelt die Lichtstrahlen der Sonne. Dort, wo sich die Strahlen treffen, wird es glühend heiß. Deshalb werden solche Gläser auch Brenngläser genannt. Holz, Pappe, Papier verkokeln. Gewöhnlich fangen sie aber nicht richtig an zu brennen. Dazu reicht die Hitze nicht aus. Einen Streichholzkopf allerdings kann man ohne weiteres mit einem Brennglas entflammen.

Wie trinken Pflanzen?

Wie sich eine Tulpe mit Wasser versorgt

Das brauchen wir:
weiße Tulpen (es können auch Nelken, Dahlien oder Alpenveilchen sein)
Gläser
verschiedenfarbige Tinte oder Lebensmittelfarben
ein wenig Geduld

So wird's gemacht:
Wir füllen ein wenig Wasser in ein schmales Glas und geben noch einmal die gleiche Menge Tinte dazu. Wir schneiden den Stil einer Tulpe schräg an und stellen sie in das Glas. Jetzt brauchen wir eine bis einige Stunden Geduld.

Was beobachten wir?
Schon nach wenigen Stunden beginnen sich die weißen Blütenblätter einzufärben. Spätestens am nächsten Morgen haben sie die Farbe der Tinte angenommen.

Was geht hier vor?
Wir können sehr schön die feinen Leitungen sehen, in denen das eingefärbte Wasser aufsteigt. Diese Leitungen sind die Adern der Pflanze. Sie versorgen alle Zellen mit Wasser und Nährstoffen, genau wie unsere Adern den ganzen Körper mit Blut versorgen. Bei uns pumpt das Herz das Blut durch die Adern bis in die Fingerspitzen. Wie aber kommt die Tinte in die Blütenblätter? Pflanzen haben kein Herz und keine Muskeln. Dafür aber ist hier eine geheimnisvolle Kraft am Wirken. Sie lässt das Wasser mit der Tinte in den haarfeinen Leitungen des Tulpenstängels aufsteigen und verteilt es in allen Adern. Je feiner die Leitungen sind, desto besser wirkt die Kraft. Es ist die gleiche Kraft, die den Tintenklecks in ein Löschblatt saugt und die umgeschüttete Cola ins Küchentuch. Diese Kraft transportiert nicht nur das Wasser, sondern alle Stoffe, die im Wasser gelöst sind – die Nährstoffe wie die Schadstoffe. Wenn man Essig in das Glas gibt, lässt die Tulpe bald den Kopf hängen.

Ein Luftballon als Düsenjet

Wie man einen Ballon mit Rückstoß baut

Das brauchen wir:
einen Trinkhalm
einen länglichen Luftballon
Klebeband
eine Schnur (ca. vier Meter lang)

So wird's gemacht:
Wir befestigen die Schnur so an einer Wand, dass wir sie später straff spannen können. Dann blasen wir den Luftballon auf und bitten jemanden, ihn zuzuhalten, damit die Luft nicht ausströmen kann. Wir fädeln nun die Schnur durch den Trinkhalm und kleben ihn mit Klebestreifen am aufgeblasenen Luftballon fest. Wir spannen die Schnur. Was passiert, wenn wir den aufgeblasenen Luftballon loslassen?

Was beobachten wir?
Wenn alles klappt, saust der Ballon knatternd und zischend quer durch den Raum.

Was geht hier vor?
Die Kraft, die den Ballon antreibt, nennt man Rückstoß. Nicht viel anders funktioniert ein Raketenantrieb. Mit großem Druck wird ein Gas aus einer Düse gepresst. Der Druck erzeugt einen gleich großen Gegendruck, der den Ballon oder die Rakete nach vorne treibt. Die Kraft wirkt übrigens auch im luftleeren Raum, sonst könnten dort Raketen weder beschleunigen noch bremsen. Es ist also nicht so, dass sich die Rakete von der Umgebung abstößt. Sie reagiert einzig und allein auf die Masse und Geschwindigkeit des ausgestoßenen Gases.

Literatur

Christine ALBERT: Lernwerkstatt Kindergarten. Ein Handbuch für die Praxis. Luchterhand, 2001.

Georges CHARPAK: Wissenschaft zum Anfassen. Naturwissenschaften in Kindergarten und Grundschule. Beltz, 2006.

Martin DOEHLEMANN: Was wir von Kindern lernen können. Über den Wert kindlicher Kreativität für Erwachsene. Online Familienhandbuch.

Margaret DONALDSON: Wie Kinder denken. Intelligenz und Schulversagen. Piper, 1991.

Donata ELSCHENBROICH: Weltwunder. Kinder als Naturforscher. Kunstmann, 2005.

Howard GARDNER: Der ungeschulte Kopf. Wie Kinder denken. Klett-Cotta, 2003.

John HOLT: Wie kleine Kinder schlau werden. Selbständiges Lernen im Alltag. Beltz, 2001.

Karl KRAEPELIN: Naturstudien im Hause. Plaudereien in der Dämmerstunde. Ein Buch für die Jugend. Teubner, 1905.

Hermann KREKELER: Tolle Experimente für Kinder. Ravensburger, 2004.

Hermann KREKELER, Gerswintha KIRSTEIN: So werden Kinder klug. Die Sinne wecken den Verstand. Beltz, 2005.

Fritz KUBLI: Erkenntnis und Didaktik. Reinhardt, 1983.

Gisela LÜCK: Handbuch der naturwissenschaftlichen Bildung. Theorie und Praxis für die Arbeit in Kindertageseinrichtungen. Herder, 2003.

Gisela LÜCK: Leichte Experimente für Eltern und Kinder. Herder, 2000.

Hermann RAAF, Harald SOWADA: Physik macht Spaß. Herder, 1990.

Gerold SCHOLZ: Experimente mit Kindern. Manuskript, 2006.

Helmut SCHREIER: Der Mehlwurm im Schuhkarton. Körner, 1993.

Martin WAGENSCHEIN, Agnes BANHOLZER, Siegfried THIEL: Kinder auf dem Wege zur Physik. Beltz, 2003.

Entdecken – Staunen – Experimentieren

Gisela Lück
Leichte Experimente für Eltern und Kinder
Band 4811
Vom Staunen zum Begreifen der Umwelt: problemlos, ganz ungefährlich und mit viel Spaß.

Gisela Lück
Neue leichte Experimente für Eltern und Kinder
Band 5538
Hier kommen weitere kinderleichte Experimente für Groß und Klein: vielfach erprobt, mit Garantie für Spaß, erfolgreiches Gelingen und Wissenszuwachs.

Gisela Lück / Peter Gaymann
Eiweisheiten
Experimente rund ums Ei
Band 5495
Einfache Experimente rund ums Ei von Gisela Lück, Expertin für Naturwissenschaft. Sie machen Spaß und klären Fragen, die sich jeder schon gestellt hat. Mit ca. 20 farbigen Illustrationen von Peter Gaymann.

Ina Kunz
Phantasie macht Kinder frei und stark
Wie sich Kinder die Welt erschließen und Selbstvertrauen gewinnen
Band 5541
Bahn frei für die Phantasie! Für Kreativität und die Fähigkeit, Probleme zu lösen. Alles, was Kinder für das Leben stark macht.

Thomas Vilgis
Wissenschaft al dente
Naturwissenschaftliche Wunder in der Küche
Band 5761
Harte Schnitte und brodelnde Töpfe. Eiskalte Gefrierfächer und der Angriff der Mikrowellen. Wie viel Physik und Chemie verbergen sich hinter der Küchentür? Neues vom Soundtrack der Kartoffelchips, Überraschendes aus dem Reich der Fleischreifung und Verblüffendes über die Physik des Abwaschwassers. Kulinarisch lehrreich und äußerst amüsant.